斯堪的纳维亚的布莱克梯特硬币，上面的神也许是奥丁，公元400—600年（4.8厘米×4.4厘米×0.4厘米）。大都会博物馆收藏

洛泰尔二世（835—869）的十字架，制作于11世纪，主要由黄金和珍贵的宝石打造。现藏于亚琛大教堂库房。版权：CE摄影（CE Photo），乌韦·阿拉纳斯（Uwe Aranas），授权于CC BY-SA 3.0.

兰瓦伊克的灵柩。制作于8世纪，10世纪又进行了改良。藏于丹麦国家博物馆，文物编号9084。照片：莱纳特·拉尔森（Lennart Larsen），丹麦国家博物馆

《阿米亚提努斯抄本》，老楞佐图书馆（Biblioteca Medicea Laurenziana）借给大英图书馆用于盎格鲁－撒克逊展。8世纪初在英格兰东北部的威尔茅斯－贾罗修道院制作的三部大型单卷本圣经之一。版权：迈克尔·热迪那或山姆·莱恩拍摄（Michael Redina/Sma Lane Photography）

利奇菲尔德天使雕像，是从利奇菲尔德大教堂发掘出的一块绘有天使的石灰石浮雕碎片，可能是一个房子形状的石制神龛的一部分。版权：利奇菲尔德大教堂

丕平的圣物箱，描绘了耶稣受难的情景。8世纪的圣骨匣，11世纪时进行了修改。照片：DEA、A.达格利·奥尔蒂（A. DAGLI ORTI）、德阿戈斯蒂尼公司（De Agostini），通过盖帝图像官网下载

受古典作品的影响，中世纪的圣像画中有时会描绘鹈鹕用自己的血来喂养幼鸟，这使它成为基督的象征。彩绘玻璃碎片描绘的可能是一只鹈鹕在啄食自己的胸部。发掘于中世纪英格兰杜伦郡奥克兰主教宫中。照片：杰弗里·维奇（Jeffrey Veitch），杜伦大学，版权：杜伦大学考古学系

这张图片中的男人穿着不同风格的衣服。年轻的贵族穿的是最新款式，衣服很短，遮不住腿。年长的商人穿着更为传统的长袍，多用豪华布料制作，且能够很好地修饰体型。转载自让·弗鲁瓦萨尔（Jean Froissart）所著的编年史，荷兰，约公元1470—1472年。版权：大英图书馆董事会，哈雷4380，第108页

小型奥丁银质雕像，奥丁身穿及地长裙和围裙，配有四条珠子项链、一个颈环、一件斗篷和一顶无边帽。约公元900年制作，出土于丹麦雷耶尔。高18毫米，重9克。照片：奥勒·马灵（Ole Malling）。版权：勒姆岛博物馆，丹麦

一枚来自瑞典西诺尔兰的彼得森"P37"型胸针。这种胸针广泛流行于斯堪的纳维亚半岛。照片：瑞典国家历史博物馆（Statens Historisk Museet），根据CC授权

中世纪晚期一位伊普尔（比利时伊普尔）织布工的织布机踏板。版权：
弗兰德斯遗产代理处（Agentschap Onroerend Erfgoed-Vlaanderen）

豪华的丝绸斗篷，来自佛罗伦萨，约1450年。这件斗篷属于勃艮第公
爵，于1477年格朗松战役后被瑞士军队占有（转载自马尔蒂等人，2019
年：第31页，第86类）。摄影：斯特凡·勒布萨门（Stefan Rebsamen）。
版权：伯尔尼历史博物馆，伯尔尼

奥格斯特吉斯特碗，经德布鲁因 2018 许可转载

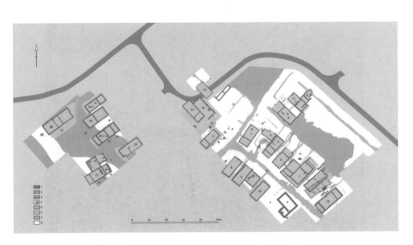

从 15 世纪比利时奥斯坦德渔村瓦拉弗斯德挖掘出的四分之一平面图（转载自彼得斯等人 2013：402，图 408）。版权：佛兰德斯遗产代理处

一套典型的中世纪晚期家用陶瓷，来自比利时东佛兰德斯阿尔斯特的一个家庭。版权：科恩·德·格鲁特

莱茵河上的木材运输。L.R.范·登·布拉克的画作（1857）展示了德国南部的木材散装贸易活动，这种贸易可以追溯到中世纪早期。经西蒙尼斯和布恩克艺术经销商的许可转载

塔汀陶壶。摄影：克劳斯·费维尔。经许可转载

加利西亚（西班牙）圣苏利安德萨摩斯修道院，最初建于中世纪早期，成为中世纪朝圣者前往圣地亚哥－德孔波斯特拉路线上的一站。修道院在15世纪末至17世纪初经过改造，在1534年火灾后重建（López Salas 2017）。摄影：路易斯·米格尔·布加略·桑切斯。根据 CC BY-SA 4.0 授权

基督教手抄本，综合了标识、意象
和语料库

圣弗伊的圣物箱形象由黄金、珍珠、
珐琅、水晶、宝石、珍贵的遗物和
朝圣者的礼物等不同元素组合而成，
从9世纪末（该物品后来曾被修改
过）广为人知。孔克修道院教堂宝
库。摄影：霍莉·海耶斯。版权：
霍利·海耶斯或EdStock摄影公司
（Holly Hayes/ EdStockPhoto）

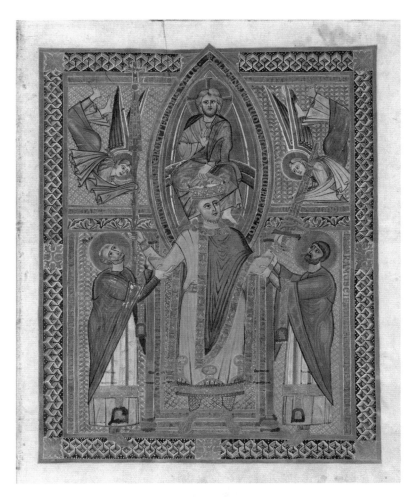

权力物品作为王权和人格的象征。在海因里希二世（REX PIUS HEINRICVS，
1002—1024）的加冕肖像和仪式中，被授命的摄政王被设想为由几个人组成，共
同构成了"国王"的复合形象，其头部由最高统治者基督加冕，手臂由支持他
的教会圣徒托举，双手分别握着"帝国之剑（Rsschwert）"和圣矛。剑和长矛
分别由两个天使托举，天使的袖口上镶着宝石。剑和长矛赋予了"国王"统治这
个国家的神圣权力。慕尼黑巴伐利亚国家图书馆海因里希二世圣礼式书的缩影，
Clm.4456，fol. 11r. 版权：巴伐利亚国立图书馆

一把9世纪的梳子，由鹿角制成，来自布里塞（Brisay）的布拉夫路（Brough Road）。摄影：史蒂芬·阿什比，由奥尼克艺术博物馆提供

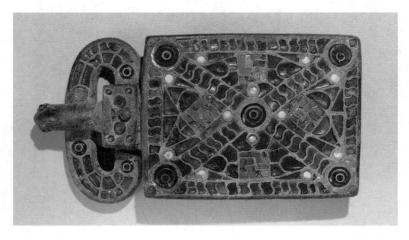

皮带扣，约525—560年。出自6世纪欧洲民族大迁徙时期的西哥特西班牙。有青铜与石榴石、玻璃、珍珠母、金箔、镀金装饰的痕迹；用青铜和玻璃制成；7.1厘米×2.7厘米。克利夫兰艺术博物馆，2001年购自J.H.韦德基金会。根据CC0 1.0授权

巴蒂尔德皇后的长袍。谢勒（Chelles）阿尔弗雷德·博诺博物馆：中央部分带刺绣。经吉内夫拉·科恩布卢特（Genevra Kornbluth）许可转载。版权：吉内夫拉·科恩布卢特

查理曼大帝的护身符，兰斯塔乌宫：一个可穿戴式圣
物箱。经吉内夫拉·科恩布卢特许可转载。版权：吉
内夫拉·科恩布卢特

来自英国林肯郡洛夫登山博物馆的火葬瓮，上面刻有
卢恩文字铭文（大英博物馆，1963年，1001.14）。经
大英博物馆许可转载。版权：大英博物馆的受托人

透过器物看历史

② 中世纪

[英]丹·希克斯　[英]威廉·怀特◎主编

[挪]朱莉·隆德　[英]莎拉·森普尔◎编　刘剑锋　肖雅心◎译

中国画报出版社·北京

图书在版编目（CIP）数据

透过器物看历史. 2，中世纪 /（英）丹·希克斯，
（英）威廉·怀特主编；（挪）朱莉·隆德,（英）莎拉·
森普尔编；刘剑锋，肖雅心译. -- 北京：中国画报出
版社，2024.8
书名原文：A Cultural History of Objects in the
Medieval Age
ISBN 978-7-5146-2339-0

Ⅰ. ①透… Ⅱ. ①丹… ②威… ③朱… ④莎… ⑤刘
… ⑥肖… Ⅲ. ①日用品—历史—欧洲—中世纪 Ⅳ.
①TS976.8

中国国家版本馆CIP数据核字(2023)第230166号

透过器物看历史　2　中世纪

［英］丹·希克斯　　［英］威廉·怀特　主编
［挪］朱莉·隆德　　［英］莎拉·森普尔　编　　刘剑锋　肖雅心　译

出 版 人：方允仲
项目统筹：许晓善
责任编辑：郭翠青
审　　校：崔学森
装帧设计：同鸣设计
内文排版：郭廷欢
责任印制：焦　洋

出版发行：中国画报出版社
地　　址：中国北京市海淀区车公庄西路33号　邮编：100048
发 行 部：010-88417418　010-68414683（传真）
总编室兼传真：010-88417359　版权部：010-88417359

开　　本：16开（710mm×1000mm）
印　　张：16.25
字　　数：175千字
版　　次：2024年8月第1版　2024年8月第1次印刷
印　　刷：三河市金兆印刷装订有限公司
书　　号：ISBN 978-7-5146-2339-0
定　　价：438.00元（全六册）

C目录
ontents

导言

中世纪的物质性

朱莉·隆德　莎拉·森普尔

近几十年来，考古学家已经接受了物质性的理论，不再将物品仅仅简单地解读为"仪式性"、"象征性"或"功能性"。材料能动性、非传统的本体论[1]和文物传记等概念的应用，是考古学家重新进行物质文化研究的一些方式。物品是不断展开的、复杂过程中的元素之一，从技术和原材料开始，涉及多个参与者，甚至古代和现代的考古学家也在其中发挥作用。在历史考古学中，物品不再被视为简单的民族或宗教符号；相反，物质世界是理解时间和记忆、生活体验、感官世界及参与、体现中世纪生活的丰富起点。正如哥斯登所说，"人和物质相互作用，共同发挥出各自的特点"，并且"人类生活是在物质和人的同等投入下展开的"。

1　本体论：ontology，是一个哲学分支，研究存在、存有、生存和现实等概念。——译者注

在本系列丛书中，我们探讨了人类从古代到现代这三千年来对于物品的创造、使用和理解及其影响和后果。人们可能会认为，选择将这套丛书的重点放在西方的器物史上反映了一种看法，即这与非西方和史前对物质文化的态度形成了对比。然而，从公元6世纪到14世纪，西欧和北欧的大部分地区都沉浸在一场非凡的变革中，在这期间，文字传播将史前社会转变为一个记录、书写和识字模式"在地域和社会上"迅速传播的世界。在新的文字风格渗入到社会等级制度的同时，人们也保留了史前和罗马历史中关于地方、人类和自然现象及物品的观念。惯习（habitus），即在生活过程中获得的社会技巧，它帮助一代代人形成日常生活方式和思想观念，特别是在人们生长的地方和熟悉的农耕生活中更是如此。这些"深层时间[1]"的痕迹非常持久，因此在经历了重大文化和社会变革之后，人们的行为、信仰和宗教仪式仍能延续下去。

在进一步开展研究之前，需要解释一下本卷的年表和地理定义。正如任何横跨北欧和西欧的中世纪考古学家都会争论的那样，我们认为欧洲中世纪社会的出现始于古代晚期（Late Antiquity），即公元4世纪和5世纪，中世纪社会并没有在公元1400年结束，而是随着人类视野的扩大和新世界的发现，15世纪和16世纪时中世纪社会得到了进一步的丰富和发展。欧洲的中世纪时期通常被认为在16世纪或公元1550年左右结束，因此，本套丛书决定书写一部6至14世纪中世纪器物的文化史，这意味着本卷无法充分而全面地探讨产生、过

1　深层时间：deep time，也译作"深时"或"深度时间"，是地质时间概念。——译者注

渡和转型这些关键问题，也无法探讨是什么定义了中世纪并将其与先前的史前晚期和古代晚期区分开来，以及文艺复兴和宗教改革给中世纪生活方式带来的变化。但本卷各章的优势在于，作者能够从物质方面描述中世纪的含义，从墓地到教堂、从田野到城镇，探索中世纪欧洲的器物世界。我们将深入到中世纪前后的几个世纪，思考中世纪开始和结束时的区别与发展。对所有读者来说，另一个争论点是对西欧的关注。本卷中，我们不再将欧洲看作孤立发展的地区。在维京时代，物质产品通过丝绸之路流入波罗的海，在北美纽芬兰岛的一角建立维京人定居点，阿拉伯人在8世纪征服西班牙部分地区。这些都组成了充满活力的探索、移民和开阔视野的故事，其中旅行和贸易起到了巨大的催化剂作用，促进了知识与技术的发展，提升了中世纪民众的生活。本卷作者提及了一些贸易交流和版图扩张的经典事件，并对它们加以讨论，但我们的目的是从物品和物质性、技术、建造环境和生活方式方面集中描述中世纪西欧社会的核心原则。在接下来的章节中，我们要问的是，中世纪的器物世界都有什么，新技术及贸易如何改变人们的生活，物品如何促使并影响社会结构的变化，以及它们如何被用来界定、划分和建立社会、宗教及政治的边界。在这几个世纪里，无论是需要进行漫长的迁移到达新家园，还是在身体和精神上挺过了致使成千上万甚至数百万人死亡的大流行病的灾难，人们都成功经受住了巨大的考验。

公元6世纪至14世纪，西欧发生了重大的政治和社会断裂及文化和宗教变革。5世纪时，罗马边境的崩溃和由此产生的混乱及人口流动，在许多地区留下了脆弱而又支离破碎的社会，人们基本上沦于落后的农耕生活。环境证据表明，社区也因自然事件而经历了灾难性的变化，尤其是公元536年和540年的火山爆发导致的尘土飞扬和气候衰退，以及随后约公元541—750年暴发的查士丁尼大瘟疫（Justinian pandemic），这些都导致了社会分裂和社区消失。不过，基督教的传播帮助人们与古代晚期世界重新联系起来，开辟了东西方之间的知识和贸易通道。维京人作为海员和商人成功创造了与波罗的海和北大西洋以外的深远联系，包括阿拉伯世界、俄罗斯和亚洲，甚至还与北美海岸有过短暂往来。航海技术的持续快速发展使得旅行和贸易可以跨越更远的距离，并扩展了获得异国货物和商品的渠道。消费者对商品的需求越来越大，商业活动也随之激增，使得新萌生的社会阶层具有更大的物质欲望和更强的购买能力。但是，随着贸易和旅行的增加，疾病和健康风险也随之增加；中世纪的人们越来越多地受到麻风病、鼠疫和梅毒的困扰，这些疾病携带在人、动物和货物身上，沿着连接村落、城镇、都市、东方和西方的海路和陆路传播。地震、火山爆发、气候恶化、饥荒和瘟疫也是中世纪蓬勃发展的历史和编年史中的常规内容，也常常造成一个国家甚至整个欧洲大陆的苦难。在这些压力及不断增长的人口和新兴的复杂社会结构的推动下，战争带来了新型的、先进的器物种类，如防御工事和城堡、武器、行头和战争器械。治疗手段和医学的进步也催生了医院、手术器械和治疗方法。

随着时间的推移，中世纪的西欧在很大程度上变成了基督教社会：死亡对基督徒来说不是终点，而是一个转变，是生者可以通过祈祷和纪念来为逝者代祷的时间。因此，器物世界的发展使仪式表演、祭祀、代祷和纪念逝者成为可能。除了教堂、神龛、坟墓、墓碑和纪念碑之外，这种物质性甚至包括了人体，包括了头饰和衣服、个人物品和宗教物品，还包括将人体转变为受尊崇的物品，以遗物的形式进行传播、隐藏和展示。

因此，中世纪器物的文化史应该描绘出西欧中世纪人类互动的快速变化规模，以及它是如何影响个人、社区和政治权力的。它应该打破西欧中世纪研究的一些学术孤立主义，探索东西方之间的一些联系，以及在理解史前和历史概念方面的比较价值。它需要捕捉到宗教变革带来的非同寻常的影响，在整个欧洲，这种影响一直向下渗透到中世纪的各个家庭，当然还有伴随着复杂的社会组织发展而出现的新兴精英机构，而文学则成为其中的主要部分。然而，往往是个人物品和日常物品可以帮助我们更好地理解人与物之间的互动，以及这些互动所带来的感官和情感力量。器物之间的相互影响对于中世纪变革时期来说也是至关重要的。物品的本体论研究可以帮助我们解开伴随着第一个千年早期到中期巨大而复杂的物质变化过程。这是一个物质和器物的流动和类型发生变化的时代，比如黄金的获得、轮制陶瓷或石雕的生产及它们在不断变化中激发出来的新的器物世界。旅行、贸易、宗教拓宽了人们的视野；新的材料、器物和技术在新的中世纪世界中相互关联，催生出了生产、美学甚至饮食的观念。也许最大的变化是文字的发展。到了12世纪，记录和书写已经成为常见的统治阶级治理工具。不过，正如本书各章所揭示的那样，即使在这个世界里，作为记忆和纪念性媒介，器物在仪式、法律行为和权力展现中仍然具有强大的力量。

因此，在本章中，我们将探讨中世纪器物不断演变的力量和作用及器物之间相互作用的方式。我们将在特定和广泛的社会背景下进行探讨，并将这些想法置于西欧中世纪的跨文化交流和传承的场景中。

深厚根基

器物和建筑也许比人类存在于世的时间更长久，它们可以承载人类的记忆、故事和神话，这一特点为我们提供了将器物和建筑当作时期划分标志的可能。罗伯塔·吉尔克里斯特（Roberta Gilchrist）认为，传家宝有可能成为集体记忆的储存库，获得它们自己的故事并体现自己的价值。在6世纪到14世纪的900年里，欧洲民众经历了从史前和古代晚期主要依赖口头文化转变为完全历史化和文学化的社会。但是，口语和书面语都不是唯一的交流形式，中世纪的人们生活在一个器物的世界里。正如约翰·莫兰德（John Moreland）所说，如果我们要了解这些社区发展的时间、地点和存在的方式，我们必须聆听"声音、器物和文字"之间的对话。

在第一个千年中期，西欧大部分地区仍然没有文字，更没有文献记载。物质文化、景观和器物是界定社会界限（如地位、性别和年龄）的核心。器物在展示权威和祖先方面具有重要意义，并被用于创造传统和历史。在这一时期，许多欧洲人的一个显著特点是他们对罗马物品的兴趣和需求，包括个人物品、重复使用的建筑石材（spolia[1]）和雕塑、陶瓷、金属容器及玻璃。到了5、6世纪，这些物品大部分已经很陈旧了。1世纪和2世纪铸造的罗马硬币在5世纪、6世纪的西班

1　Spolia：指用于新建筑或新纪念碑中重复使用的装饰性的建筑石材。——译者注

牙、英国、德国北部和斯堪的纳维亚半岛流通和使用。然而，它们的价值和用途已经发生了改变。与罗马玻璃碎片一样，磨损和穿孔的罗马铜合金硬币经常装在中世纪早期女性墓葬中，放置在她们腰部或大腿上的袋子里，项链上的珠子和吊坠也会一同放入墓葬中。这些硬币上的磨损和使用痕迹显示了它们的广泛流通和长期使用。对于其他人来说，这些物品不过是重复使用的废料，但对我们来说，这些却是大量罗马碎片中的一部分，在西欧的转型过程中发挥了强有力的作用。硬币、玻璃和废金属是一个庞大重组过程中的媒介，这些遗留材料在后罗马时代新文化场景的重塑和转变中发挥了重要作用。金属和玻璃都很稀缺，使用陶瓷的传统已经发生了根本性改变，年复一年，随着时间的推移，罗马物品一定会因为回收、丢失和破损而变得越来越稀缺。随着物品稀有性的增加，它们影响和塑造中世纪的力量似乎也在增强。罗马硬币影响并产生了一种全新的器物类型。这可以从布莱克梯特硬币（bracteates[1]，图0-1）中看到。这些特殊的金圆盘是在5、6世纪制造的，通常带有一个环，悬挂或附着在衣服上，人们普遍认为它们的形状和图标灵感来自罗马硬币。然而，布莱克梯特硬币上刻的不是帝国精英的肖像，而是一套类似美学渲染的神话英雄和怪物。至此，器物的强大变革性显而易见，罗马硬币和（或）徽章可能会催生一种新的物品，承载着铁器时代晚期英雄和神的视觉概念。这些物品存在于斯堪的纳维亚半岛南部和英国东部的精英阶层。通过佩戴、处理和交换这些物品，人们参与了一个新的、共享的意识形态和信仰

1　布莱克梯特硬币：一种扁平、单面的薄金币，作为珠宝佩戴，主要流传于日耳曼铁器时代移民时期的北欧。——译者注

图 0-1 斯堪的纳维亚的布莱克梯特硬币,上面的神也许是奥丁,公元400—600年(4.8厘米×4.4厘米×0.4厘米)。大都会博物馆收藏

体系,其中包括神灵和神话人物。虽然这些器物与罗马的遗产背道而驰,而且可能是由贬值的罗马金币制成的,但它们也表明对曾经定义了北方边界的帝国或野蛮人关系的重塑和摒弃。

这种对过去的认识和操纵在中世纪早期得到了推动,随着更复杂的社会结构的发展，这种认识和操纵的意义变得更加重大。它在新兴的精英阶层和皇室中找到了一个特别有利的位置，尤其是当国王成为地球上的精神代表和权力的合法继承人时。查理曼大帝使用罗马身份（拉丁语 *Romanitas*）[1]来定位自己的政治地位和权威，这或许是最能引起共鸣的例子。位于英格尔海姆（Ingleheim）的宫殿是在公元800年罗马教皇为他加冕时建造的，采用了罗马式的奢华设计，有一个连接宏伟入口、大教堂或"高堂"及小教堂的列柱式庭院，显然是为了体现查理曼大帝与其前任罗马大帝处于平等地位。查理曼大帝还在亚琛（Aachen）建造了一座直接穿过罗马城市的宫殿，并大量借鉴了意大利罗马中心拉文纳（Ravenna）圣维塔教堂（St. Vitale）[2]的建筑与设计。查理曼大帝甚至从罗马和拉文纳，尤其是从狄奥德里克大帝（Theoderic）[3]的宫殿进口建筑材料和建筑石材，运送到亚琛。这样一来，他就将自己与帝国的历史联系起来，将自己置于"罗马帝国的继承中"。这种抢夺及利用罗马历史上的物品来将人和地方神圣化或赋予权力的做法，并没有随着查理曼的统治而结束。洛泰尔十字架（Lothar Cross）是公元1000年后查理曼大帝的后裔奥托三世（Emperor Otto III）[4]赠送给亚琛大教堂的礼物，十字

1　罗马身份：意为"罗马式"，是现代历史学家用来表示罗马身份和自我形象的简写。——译者注

2　圣维塔教堂：位于意大利的拉文纳，因典型的拜占庭风格而闻名于世，是早期拜占庭艺术在建筑方面的代表作。——译者注

3　狄奥德里克大帝：公元454—526年，东哥特王国的建立者。——译者注

4　奥托三世：公元980—1002年，神圣罗马帝国皇帝，奥托二世之子。——译者注

架的中心是公元1世纪制造的奥古斯都皇帝（Emperor Augustus）[1]的奢华罗马浮雕（图0-2）。刻有浮屠的宝石被镶嵌在十字架最显眼的位置，向人们展示了这位皇帝对基督教的信仰。

这种操作凸显了中世纪早期西欧的民众是如何认识并使用过去的物质的。随着人们逐渐接触到基督教，人们对于时间和历史有了与以往不同的认识和领悟。借助于这种新的认知和领悟，当时的人们用纪念碑和器物去追思他们的祖先。古老的物品象征着耐用性和时间的流逝，这满足了精英统治者及其家族统治王朝的愿望。然而，这样的社会价值观并不是特权阶层所独有的：它们与那些地位较低和收入较低的人同样相关。物品的物质材料可能会赋予它们特殊的属性，它们在家庭仪式或成年仪式中的使用可能会使家族增强归属感和关联感。例如，在中世纪晚期及其后，与分娩有关或用于分娩的物品有时会被几代人精心留存，并在成功分娩时使用，从而获得"情感和宗族方面的价值"："将家族神话与个人身份的形成结合在一起"。通过这些方式，传家宝、纪念品和信物就创造身份感和归属感而言，对中世纪的家族来说，就如同更有声望的古代物品对王室统治王朝的愿望一样重要。

虽然中世纪的遗嘱和清单可以明确地将传家宝或旧物件称为遗物（见第八章），但由于物品可能会经历各种各样的埋葬过程，因此在挖掘出土后再识别则更具挑战性。在约克郡的定居点沃拉姆珀西（Wharram Percy）中发现的罗马玻璃手镯碎片出土于中世纪，这

1　奥古斯都皇帝：公元前63年—公元14年，罗马帝国的开国君主。——译者注

图0-2 洛泰尔二世（835—869）的十字架，制作于11世纪，主要由黄金和珍贵的宝石打造。现藏于亚琛大教堂库房。版权：CE摄影（CE Photo），乌韦·阿拉纳斯（Uwe Aranas），授权于CC BY-SA 3.0.

意味着这些物品的流通和保存时间很长。我们还在德文郡奥特里圣玛丽（Ottery St. Mary）的一座中世纪建筑中，发现了一个青铜时代的铜合金青铜凿，该青铜凿与大量中世纪金属制品和其他材料有关，这意味着重要时代的物品有时会被作为古玩或工具保存，有时就被当作废品。中世纪女性对服装和纺织品的管理、赠送和遗赠可能是日常用品累积的另一个有力迹象。纺织品，包括床单和桌布等亚麻制品及服装在中世纪遗嘱中占很大比重，不仅可以赠送给女儿和女性家庭成员，还可以赠送给教会。例如，1375年伦敦一名鱼贩的遗孀将她"最好的床单和毛巾遗赠给了位于弯曲巷（Crooked Lane）的圣迈克尔教堂（St Michael）"。在意大利南部阿普利亚地区（Apulia），新娘礼物清单最早可追溯到9世纪，这份清单中列出了许多纺织品和服装，其中有几件衣服被明确认定为传家宝，可以代代相传。作为私人旧物的衣服和纺织品承载着强大的纪念力量，在纪念赠送者的同时，也使接受者有责任记住并重视礼物和捐赠者（见第一、三和七章）。

因此，各种古董和传家宝在中世纪社会人格、血统和归属观念的发展中至关重要。古董具有强大的纪念力量，使中世纪民众与史前和罗马历史联系起来，形成了漫长的影响链。随着时间的推移，中世纪民众越来越多地参与到对这种资源的开发中。当时的社会精英们用这些华贵的物品向世人展示他们统治的合法性。而普通的民众则用他们各自的珍宝来加强家族内部的联系，寄托对先人的哀思。

开阔视野

过去二十年里，对公元500年至1400年间的生产和消费的研究，

已经让学者们越来越重视器物的文化传记和生产的操作链（chaîne
opératoire）[1]。对操作链的技术研究使人们深入了解物品的生产，而
对物品的社会或文化传记的看法则侧重于物品在生产、使用、购买、
赠送、接收和最终被丢弃时所获得的意义（见第二章）。最近在中
世纪考古学中的应用很多，如加雷斯·佩里（Gareth Perry）对盎格
鲁–撒克逊火葬瓮功能和用途的研究（2011年），以及卡洛琳·维
勒（Caroline Wheeler）对中世纪乡村社区修复和再利用物品的探
索，这揭示了器物如何通过改造和再利用找到新的价值和意义。最
近，有几项研究主张，这些对器物的研究称不上是对器物的"完整
传记"，只能说是在某个时期的短暂记录。因为任何一个人对某一件
器物的记载可能只是他所经历和见到的这个器物存在的某个时期，
而随着时间的推移，物品辗转腾挪，最初的用途可能早已改变。

　　一般认为，拜占庭与法兰克王国之间的联系在7世纪减少了，
但近年来，通过查验考古材料，之前的文字记录已被东西方之间更
丰富的政治、社会和经济联系的论述反证了。虽然人们公认东方的
陶瓷是从地中海流入英国西部的，但人们也认为第二条西方贸易轴
线是通过意大利北部、阿尔卑斯山和莱茵河将拜占庭的铜合金器皿
带到西欧的。其他几类材料如紫水晶、象牙和海贝壳也有着类似的
分布模式，可能来自相同的路径。这些货物和材料的来源尚不确
定，当然，它们可能是从不同的地方生产和交易的，但贝壳和象牙
可能表明它们最初是从亚历山大港出口的。这些物品对西北欧女性

1　操作链：人类学术语，常用于考古学和社会文化人类学，可以作为一种方
　　法学工具，用于分析与使用和最终处置人工制品（如碎石还原）相关的技
　　术流程和社会行为。——译者注

的服饰和时尚产生了深远的影响。例如，6、7世纪拜占庭珠宝中出现的紫水晶，在英格兰和墨洛温王朝（Merovingian）[1]的项链中以珠子的形式出现。在这些转变中，我们可以感受到思想和时尚的传播方式——也许是通过买卖双方之间的口口相传，或者是通过随身携带的小物件来传播。一个可能在5世纪铸造的铜合金砝码，里面装满了铅，上面有一尊拜占庭女皇的半身像，戴着华丽的头饰和项链。也许正是通过这些物品，在古代晚期将基督教的时尚和身份观念传播到了北方地区。

　　然而，大型商业中心（emporia）或贸易定居点的出现从根本上改变了交换系统的运作方式。上文提到的那些小物件及北欧的能工巧匠们制作的奢侈品也可以被普通人买到。而在这些商业中心出现之前，人们只能通过亲友间的馈赠和继承才能得到。商业中心开创了一个商业世界，人们通过交易来购买物品。物品通过转口港（entrepôts）流转到了新的主人手中，同时制作技术等相关知识也随之得以传播。例如，在丹麦里贝（Ribe）发现的大量彩色玻璃砖，证明了原本用于生产拜占庭马赛克的专门材料来到了这个商业中心，支撑了玻璃器皿和玻璃珠生产行业的蓬勃发展。在北海周围，商业中心成倍增加，波罗的海、地中海及其他地区也有类似的商业中心。这些地方通过贸易促进了商品的传播，并成为商品化的催化剂（见第三章）。这些地方激发了人们对物质世界的新态度，并将人们与遥远的地方联系起来，给人们提供了购买日常用品和稀有商品的选择

1　墨洛温王朝：法兰克王国的第一个王朝，存在于公元481—751年的西欧。——译者注

（见第四章）。这类社区的发展意味着生产者和产品之间的关系发生了根本性的变化；也就是说，手工业者和物品之间的关系发生了根本性变化。贸易提高了人们对物品的需求，在一定程度上推动了更高的产量和研究新产品的创造性。

新的宗教场所出现了，人们熟练地在这些宗教场所制作小物件和祈祷用的纪念碑，这里成了生产效率最高的地方。制作这些宗教物品也体现了工匠们对上帝的虔诚。这些宗教社区的手工业者和工匠聚集在一起，在物品的艺术创造方面也取得了巨大的飞跃。像林迪斯法恩福音书（Lindisfarne Gospels）[1] 或阿德圣餐杯（Ardagh Chalice）这样的物品，展示了不同材料生产的物品在设计和装饰方面的专业知识融合。我们可以设想一下：一个由熟练工匠组成的社区，他们通过多种媒介分享和交流技术与设计经验，专业的金属工人对国王和权臣的荫佑做出应有的报答。上至国王的"宫殿"，下至王公贵族的豪宅大厅，工人们出色的才能和技艺使得他们得到了难以想象的地位。到7世纪和8世纪，这些工匠制作的物品就作为商品和（或）礼物出口到更远的地方。

维京人的掠夺和贸易促使货物远离了其生产地。在瑞典的赫尔格（Helgö）发现了一尊青铜佛像、一个爱尔兰权杖（crozier）和一把科普特（Coptic）[2] 勺子以及其他许多物品，这表明这里是那些勇敢的商人穿越俄罗斯伏尔加河、地中海和爱尔兰海所带来的不同

1　林迪斯法恩福音书：泥金装饰手抄本福音书，约完成于7世纪后期或8世纪。——译者注

2　科普特或科普特人，是基督化的古埃及人后裔，当代埃及的少数群体之一。——译者注

艺术品的临时存放地。这些物品不仅改变了人们的知识和观念，它们辗转腾挪的经历也使得其更有价值。兰瓦伊克的灵柩（Ranvaik's Casket）的文化历史说明了中世纪器物的迁移对于人们生活方式的改变所产生的影响，以及随着物品在不同地区流转，这些物品自身功能所发生的改变。兰瓦伊克的灵柩（图0-3），又称哥本哈根神龛（The Copenhagen Shrine），是在维京时代的爱尔兰或苏格兰生产的。与之最接近的器物是在苏格兰的莫尼马斯克（Monymusk）发现的。这个神龛的形状像一座房子，但不是当代皮克特式（Pictish）的房子。相反，它看起来像是斯堪的纳维亚长屋，尤其是房子的屋顶，

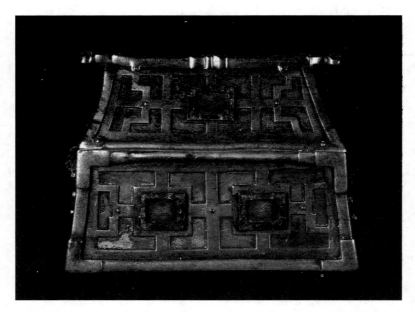

图0-3　兰瓦伊克的灵柩。制作于8世纪，10世纪又进行了改良。藏于丹麦国家博物馆，文物编号9084。照片：莱纳特·拉尔森（Lennart Larsen），丹麦国家博物馆

与其他斯堪的纳维亚长屋的描绘很相似。这表明建造者可能知道长屋的外观，而这些长屋可以说是那一时期苏格兰斯堪的纳维亚人身份最明显的标志之一。另一方面，从风格上看，这个箱子似乎是8世纪末生产的，而那时苏格兰没有斯堪的纳维亚式长屋。我们推测，这个箱子是在维京时代的挪威被掠走的，然后被重新利用。箱子底部有一句铭文"Ranvaik a kistu thasa"［兰瓦伊克（一个女性名字）拥有这个箱子］。该铭文来自公元1000年左右。这个箱子被归入了在挪威发现的一组圣物箱中，这些圣物箱主要来自特伦德拉格（Trøndelag）和西福尔郡（Vestfold），大部分是在坟墓中发现的，还有一些似乎是在维京人入侵不列颠群岛的过程中（British Isles）所发现的物品。这个灵柩从未被埋葬，过去是皇家文物收藏品，目前藏于丹麦国家博物馆。在宗教改革之前，这个箱子很可能在中世纪的挪威再次被用作圣物箱，之后成为皇家收藏中的"古董"。因此，这个箱子从诞生到现在，其角色发生了重大变化。随着时间的推移，它在不同的地方辗转腾挪，逐渐成了一件神圣的器物、一件珍宝，最后成了古董。兰瓦伊克的灵柩提示了一个现象，就是器物可以通过在不同人之间的流转，拥有"非凡的经历"，最终发挥特殊的功效，留下传奇的故事。因此，这些"文物"才能区别于其他普通物品，被流传下来。

12世纪时，欧洲西北部拥有许多主要城镇和贸易港口，已有的城市中心不断扩张，新城镇不断产生。城市化带来了新的规划并提升了城市管理水平。随着时间的推移，城市住宅区内的空间得到了细分。为了适应更高更大的建筑和永久性的房屋构造，建筑形式也得到了发展，人们开始使用石头做地基和底墙。

中世纪的城市中随处可见商店和商业场所，它们支撑着发达的购物文化。14世纪末，仅仅一座伦敦桥就有130多家店铺。无论是来访的农村人还是商人抑或是外国游客，这些大大小小的商业中心都为人们带来了感官上的刺激。来自城市沉积物的考古证据表明，为了满足城市民众的口味，某些特定食品的需求不断增长。与此同时，试图去规制这些商业行为也延缓了城市扩张的脚步。据说，爱德华三世曾说约克郡散发着令人厌恶的臭味，这种臭味来自拥挤的街道和小巷的粪便及污物。当然，也有各种诱人的奢侈品，如香料和乳香、服装和丝绸、葡萄酒和黄金，以及烤肉和油炸肉类的气味。器物还可以区分社区。例如，城市人口吃的肉更多，而且有专门的屠宰场；他们还可以获得进口食品，如葡萄、无花果和大米，也有可能购买加工好的食品。城市家庭的另一个明显特点是更喜欢沉迷于舒适的家具。中世纪的城市融合了各地习俗。通过长途贸易，加强了各地的文化联系。而器物则体现和定义了这种文化联系，例如，中世纪英国港口所堆放的进口陶器，可以表达该港口的沿海属性。随着本卷各个章节叙述的展开，考古发掘和文献记录都显示了中世纪城市物质文化的勃勃生机。香料、丝绸和纺织品、釉面陶瓷、象牙和石头只是流入伦敦和南安普敦（Southampton）这些大城市的部分商品。圣东日陶器（Saintonge pottery）是13和14世纪在法国西部制造的一种釉面陶器，样式独特、质量上佳、颜色丰富，在英国的许多遗址都有发现，佛兰德斯（Flanders）和斯堪的纳维亚半岛也有少量发现，但在英国，则主要是在港口附近被发现。西班牙的虹彩陶器（Lusterwares）[1]相对稀少且价格昂贵，但它们在13和14世纪却很抢手；到了15世纪，更便宜、更实用也更容易获得的德国石制器皿涌入市场。拜占庭和伊斯兰世界的玻璃器皿虽然罕见，但也往往只在当时的上层社会和城市遗址中找到，也许是被旅行者带回来的，也许是贸易遗存的（见第二章）。当然，虽然货物分布在内陆地区，但随着贸易的繁荣，在沿海港口和主要城市等商品密集流通的地方，也可以发现大量这些商品。

因此，随着人们联系的扩大，"制造"和"贸易"在中世纪发生了根本性变化。新形式的生产场所不断涌现，使大型手工艺者和商人社区得以发展。这导致了生产或消费群体的出现，他们的消费能力和对新商品的需求塑造了"城市身份"。其他社区也通过海上贸易取得了卓越的成就，沿海地区的人们能够借助这些贸易网络相对容易地获取大量商品（见第三章）。

身体世界

就火葬场或坟墓中的器物组合来看，另一个巨大的变化是埋葬仪式从有家具转向无家具或者说是基本上无家具。这主要发生在欧洲西北部的部分地区。时间大概是第一个千年期下半叶（1050—1099，见第七章）。7世纪的不列颠和墨洛温王朝，以及10世纪的斯堪的纳维亚半岛和挪威殖民地的墓地为研究中世纪社区的器物世界提供了绝佳的范例。虽然基督教法律强调无家具的安葬仪式，但在

1　虹彩陶器：是古代伊斯兰地区烧造的一种釉陶，起源于9世纪美索不达米亚，其虹彩效应呈现出金属光泽，因此得名。——译者注

11至14世纪，当地的安葬习俗仍然多种多样，人们更喜欢为逝者穿上衣服下葬，当然还包括一些墓葬家具，甚至个人物品和服饰也偶尔会出现在墓葬之中。

在中世纪早期，包括火葬和土葬在内的墓葬用品是由生者选择的，因此这些用品可能并不是家庭和日常生活的真实体现。同样，随着时间的流逝，有些物品会分解消失，有些则不会，比如金属配饰等。这使得我们今天看到的墓葬用品与当时实际下葬的物品可能会有巨大的偏差。尽管如此，从中世纪早期的坟墓和火葬沉积物中发现的器物，依然为了解一个基本没有记录的时代的社会和逝者身份提供了特殊视角。

虽然中世纪早期纺织品在西欧极其少见，但我们仍然可以在墓葬发掘中了解当时的着装规范和具体的衣装搭配。在中世纪早期的文化阶层中，服装、配饰、珠宝、发型和发饰，均对当时的着装文化产生了巨大的影响。这些服装似乎与他们的年龄有关，至少在坟墓里是如此。年轻女性去世后佩戴的珠子、胸针和其他金属服饰一直是被广泛研究的课题。而通过对男性的墓葬研究发现，男人们在墓葬的着装则大致相同，差异较小。例如，男性坟墓中包括熊皮在内的兽皮有着强烈的暗示：具有象征意义的东西可能是因为身份和地位的差异以及身材的差异才有所不同。金属扣虽然在男女坟墓中都曾出现，但它却是最常见的与性别相关的服饰物品。它们在巴伐利亚州、伦巴第意大利（Langobardic Italy）和西哥特西班牙（Visgothic Spain）均发展成了极具特色的配饰。我们还可以将武器及其相关配件视为"具有多重意义的"物品，作为区分地位、性别、血统和身份的标志。盾牌和剑通常经过精心装饰，具有很强的视觉冲击力。公元6、7世纪，景泰蓝（Cloisonneé）被用于剑配件、盾牌座架、马具配件和其他服饰，这些珠宝佩饰在宴会厅火光的映衬下，往往令人爱不释手，兴奋异常。装饰在盾牌、武器配件、钱包挂链、饮酒器皿和衣服上的凶猛野兽图案，体现了尚武的理念和雄性的气质。通过展览，我们能看到这些武器有被使用及修复的痕迹。

虽然陈设仪式在第一个千年末期就基本停止，但其他形式的考古和艺术史证据让我们能够继续探寻着装的发展脉络。泥金装饰手抄本有助于我们了解精英阶层的服装和时尚，其中的画像和绘画提供了大量证据，表明中世纪服装和服饰世界的奢华。花环与珠宝，甚至是装饰着玫瑰花的束腰，这些与少女和求爱有关的物品表明，个人地位也可以通过服装和礼品等小物件体现出来。身体本身也可以造成视觉冲击：梳妆打扮显然是中世纪仪态和视觉展示的一个重要元素，对头发的打理在当时也盛行起来，梳理头发也可以提升自己的社会地位，获得别人对自己的尊重。在中世纪早期物品的人物形象中，人们留着飘逸的长发，胡子也明显修剪整理过。这些都能表明，当时人们已有了梳妆打扮的礼仪和习俗。事实上，第一风格艺术（Style 1 art）是北欧5、6世纪美学和设计的总称，这种艺术借鉴了日耳曼神话和各种奇怪的人类及动物形象，各种凶猛动物和留胡须戴头盔的男性头部形象经常出现在人们佩戴和使用的金属物品上。在用于停放尸体的各种物件上，我们可以找到梳子、镊子、剪子和剃刀等形象，这些都表明，胡须也能展示男性的社会地位和阳刚之气。当然，皮克特、爱尔兰和维京的资料里也都描绘了留着胡须的男性形象。中世纪的资料也告诉我们，"进入青春期的女性将头发散开、把头露出来以庆祝自己进入了人生的新阶段"，但婚后就可能要用面纱或头饰遮盖头部。从对中世纪的考古发现中，我们还可以找到已婚女性精心设计自己的发型和佩戴发饰的证据。

因此，在中世纪早期社会，各种服装佩饰都是标志主人个性和身份的重要物品。这些物品都是可以用来打扮自己，提升自己的社会地位，向外人表明自己的年龄、性别和社会阶层。他们穿着这些服装和佩饰可能是在大厅、城堡、花园、宫廷、教堂或城镇，所有这些场景都展现了丰富多彩的中世纪市井文化。有趣的是，在后来的宗教改革时期，对人物肖像的攻击集中在头部和手部。帕梅拉·格雷夫斯（Pamela Graves）认为，宗教改革前，人们打扮自己的重点部位在于头部和手部，而宗教改革后，人们无法像过去那样打扮头部和手部，对于这些部位的首饰佩件而言，就无异于被判了死刑。

感官生活

对中世纪感官的研究很大程度上是通过历史资料来进行的，当时所用的物件可以很形象地再现人们对于嗅觉、味觉、听觉、触觉和视觉等感官所体味到的世界。感官被视为一种集合，促进了与精神世界的联系和沟通（见第五章）。在欧洲西北部的中世纪基督教世界里，我们可以感知各式各类的基督教圣物。中世纪的人们相信内在性："神性在物质和世俗中显现。"大量圣洁和神圣的地方都描述着中世纪世界，如树林、林间空地、泉水、神龛、教堂、十字架、遗迹和陵墓。无论是参拜神龛、参加教堂仪式，抑或是朝圣，中世纪的每个人都会接触到丰富的感官体验。

在中世纪西欧建造的早期教堂中，彩绘面板、墙壁和雕塑以及彩色玻璃窗，都给人一种身临其境的感官体验（见第六章）。这样的建筑装饰手法可能是因为过去的木质结构大厅光线昏暗，新的教堂设计尽量避免类似采光问题，但根据英格兰南部最新的考古发掘，这些教堂的装饰方式可能模仿了欧洲大陆的建筑技术，即用石头建造教堂。最近在英格兰发现的利奇菲尔德天使雕像（Lichfield Angel）是一件8世纪的作品，可能是圣乍得（St. Chad）神殿的一部分，它带有一些原始的红、黄、白和黑颜料，让人们对中世纪早期圣殿的视觉搭配有了重要了解（图0-4）。到了中世纪，修道院和大教堂的巨大空间成为宗教区域的标志，在教堂中人们吟唱着属于那个时代的圣歌，即"饱满洪亮、反复吟唱的格里高利圣咏（Gregorian chant）[1]"。帕梅拉·格雷夫斯解释说，中世纪中期的建筑风格改变了人们参观教堂的感官体验。神殿内设有供朝圣者跪拜的凹槽，这可能会增强他们与圣人接触的感官体验，而钟声和供香则标志着神圣的启示，增加崇拜者和朝圣者的体验。也许最引人注目的是宗教改革的清单所提供的证据：从教区教堂和神龛中销毁和移除的物品详细清单，包括图像、绘画、人物、蜡烛、祭品、纺织品和家具。从中我们可以看到大量宗教用品，如用于装饰神殿、祭坛和雕像的纺织品和服饰，以及戒指等个人饰品、徽章和贡品。进入圣祠和教堂的人们可以欣赏或浏览圣徒们捐赠的宗教物品，这些物品记录着过去，也在当下联系着信徒们的心灵。

　　遗迹或者说是遗物，将基督教从精神层面物化为了现实中的一个个物件。这些物品从中世纪早期到中世纪晚期都有，它们本身就

1　格里高利圣咏：适用于罗马教会礼拜仪式，以教皇格里高利一世命名，因吟唱时表情肃穆、风格朴素也被称为素歌。——译者注

图0-4 利奇菲尔德天使雕像,是从利奇菲尔德大教堂发掘出的一块绘有天使的石灰石浮雕碎片,可能是一个房子形状的石制神龛的一部分。版权:利奇菲尔德大教堂

是各自时代的记忆和见证。随着时代的变迁，它们的用途发生了改变，自身的重要性也发生了变化。在中世纪的基督教世界，对圣人的崇拜几乎随处可见。在西方，崇拜主要集中在圣人遗骸和与之相关的遗物上。8、9世纪时，加洛林王朝对圣人及其遗物崇拜的兴起造成了圣物供不应求的局面。在这一时期，书面资料中的圣物仿佛是圣人的替身。那时的人们拥有财产，也会得到一些馈赠，并且认为自己死后，也归属于埋葬他们的教堂。因此，死者的遗骨（尤其是特定人物的遗骨）往往是人们收藏并用于宗教祭拜的主要物件。大概是从7世纪开始，资料中有了这样一些记载，人们为了获得圣人的遗骨或者遗物而开棺取尸。在8、9世纪的加洛林王朝和奥托王朝时期，这些故事大量增加，其中一种重要的类型是"furta sacra"（拉丁语，意思是偷窃圣物）。从8世纪末开始，在随后的100年里，加洛林教会的男性通过盗窃圣人坟墓，从意大利和西班牙获得了大量圣人遗骸。遗物也可以从出售圣人遗骨的商人那里买到，但这些遗物不像纯粹出于宗教热情而被教士从教堂或墓穴中偷走的遗物那样受欢迎。到了12、13世纪，这些宗教团体收集了大量的遗物，有的是和平取得的，有的则是通过武力获得的。从墓葬中出土的遗骨和遗物往往已经面目全非，支离破碎。所以他们在获得这些物品的同时，也新造了一些圣物。偷窃圣物不仅仅出现在西方教会中。即使在拜占庭，也有关于盗窃遗骨及防止遗骨被盗等情况的记载。坟墓中的物品和遗骨被看作一种特定的物品。这些东西被视为有能力改变与之相关的事物的主要媒介，如将它们嵌入神龛或放在神龛里（见第五章）。某个物品如果曾经沾染过耶稣基督的血，那么它就会被人们视为耶稣身体的一部分。而十字架原物的一个小碎片也会被人们当作圣物来祭拜、收藏。耶稣的圣像在圣徒的心中也是"活"着的，这见证了基督教徒们心中信仰的力量。

在这个充满力量和神圣的感官世界里，圣物可以进入普通人的家中，成为个人服饰和家庭装饰用品。小型宗教雕像也会出现在家庭中，圣母玛利亚（Virgin Mary）往往是人们首选的家庭祭拜雕像。家庭中的宗教崇拜也集中在卧室里，那里会有祭祀物品，如主祷文和祈祷书，有时还有十字架等护符。无论男女，衣服上都带有饰品。来自朝圣地的祷文指环、装饰着祈祷文的钱包、圣器戒指、徽章和信物，都表明人们会随身携带这些祈祷的小物件。在对苏格兰珀斯（Perth）的中世纪日常仪式活动的探索中，在珀斯高街（High Street）发现了一系列与朝圣和个人祭祀有关的物品，马克·豪尔（Mark Hall）对它们的使用进行了研究，这些物品展示了丰富的日常祷告和宗教活动。

文本纠葛

在中世纪，器物可以被视为有效的媒介，承载着人们的记忆，记录着人们的生活。各种各样的器物也塑造了中世纪民众的感官生活，各地的资料记录了器物名称上的变化。公元4世纪至6世纪，各种形式的文字出现在罐子、服饰甚至武器等物品上，在一些地方的石碑上也有。然而，书籍可能是中世纪西欧最能唤起人们回忆的，它是活跃的、能动的，也是有效的，对人和物的名称变化都有影响。在制作书籍的过程中，用料集合了动物、矿物和植物。10世纪的

《埃克塞特书》（*Exeter Book*）[1]中记录了一个盎格鲁－撒克逊谜语，讲述了不同图书材料及书的文本内容对制作书籍所起的作用。

泥金书由许多部分组成，需要使用来自田野的小牛、山羊或绵羊，先晒干它们的毛皮，再用石灰来去除它们的毛发，用植物和矿物制作墨水，用木头来制作封面，并用珍贵的材料来装点它们。每种元素都能有效地塑造物品，使其具有质感，并决定其气味和触感。这些书籍符合当时的审美文化，轻巧便携，内含插图。早期的泥金书是不同元素的集合体，是当时的原材料、制作技术等多种要素结合的成果。

这些早期珍贵的书籍本身就是精美的物品，拥有自己的生命力：它们独立于其创造者或最初所有者，偶然地从一个人手中传到另一个人手中，或从一个地方传到另一个地方。例如，在英格兰东北部威尔茅斯－贾罗（Wearmouth-Jarrow）修道院制作的三本单卷圣经之一《阿米亚提努斯抄本》（*Codex Amiatinus*）[2]，就是由修道院院长切奥尔弗里斯（Ceolfrith）带到罗马的，但由于他在前往高卢朗格勒（Langres）的途中意外离世，此抄本便在不同人手中流转（图0-5）。记录显示，一群僧侣成功地将这本书带到了罗马，《切奥尔弗里斯的一生》（*Life of Ceolfrith*）记录了教皇为这份精美礼物所表达的感谢之词。但不知何故，该抄本流出了罗马，在9世纪来到了托斯卡纳（Tuscany）。早期的书籍稀有且珍贵，所以被人们保存，但同时也容易被他人偷偷篡改。原本《阿米亚提努斯抄本》被作为

1　《埃克塞特书》：盎格鲁－撒克逊诗歌集合。——译者注

2　《阿米亚提努斯抄本》：是现存时间最早、内容最完整的拉丁语圣经手抄本。——译者注

图0-5 《阿米亚提努斯抄本》，老楞佐图书馆（Biblioteca Medicea Laurenziana）借给大英图书馆用于盎格鲁－撒克逊展。8世纪初在英格兰东北部的威尔茅斯－贾罗修道院制作的三部大型单卷本圣经之一。版权：迈克尔·热迪那或山姆·莱恩拍摄（Michael Redina/Sma Lane Photography）

礼物献给圣彼得（St. Peter）的原始铭文被某人抹去，改成了他人的名字，并被作为礼物再次献给了另一座修道院。12世纪的书籍，如从英格兰达勒姆的圣卡斯伯特（St. Cuthber）墓中获取的盎格鲁－撒克逊手稿《圣卡斯伯特福音》（*St. Cuthbert Gospel*），是一件珍贵的文物。书籍也可能会被拆散、重新装订、修复、添加注释和重写，中世纪早期的原始手稿页被发现有切割的痕迹并被重新用作中世纪晚期书籍的内页。

随着时间的推移，书写工具和书籍变得更加丰富多彩。这些书写工具最初只在修道院中使用，大概8世纪时，民间也开始推广使用，书籍也开始逐渐普及。《时祷书》（*Books of Hours*）[1] 在中世纪经常被家庭用来祈祷，也越来越多地在社会各阶层中流传。除了祈祷书之外，一些书籍可能还有自己的装饰匣子。随着书籍数量的增加，人们书写的欲望和识字的需求也相应而生。然而，正如罗莎蒙德·麦基特里克（Rosamund McKitterick）所言，识字不仅仅是会读会写的问题，而且是一种新的状况，"一种通过它可以构建权力并施加影响的意识形态，是一种思维框架和意识框架；它既是特定社会实践的结果，也影响着特定的社会实践"。权力被通过文字记录和保存下来以后，在未来也可以继续施加影响。

总结思考

本章仅能引出贯穿本卷的部分主题，我们选择纵向视角、网络和连接、身体世界、感觉空间和彼此之间的交融联系作为影响塑造中世纪世界观的元素。但值得思考的是，整个中世纪是如何代表了一个充满活力、漫长而又充满变革的时代的。从 6 世纪到 14 世纪，西欧社会从一个以器物和景观为导向的时代，转变为重视书籍、重视文件档案记录、重视读书识字的社会形态。然而，物质属性对中世纪的存在感一直起着重要作用。在这几个世纪中，人们交往的规模更加宏大，技术的进步更加快速，器物的种类更加丰富多彩。

物质文化和服饰强调了中世纪人们的身份和地位，表明了一个人的职业和财富，也表明了他们在某个时刻的特殊身份，如儿童、

---

1 《时祷书》：中世纪基督教徒的祈祷书，通常用拉丁语写成，大多数包含类似的文本，如祈祷和诗篇集合。——译者注

成人、少女、妻子或寡妇。无论是胸针、项链，还是花哨的皮带扣（见第一章），男女的服饰通常都是不同的，这些物品增加并突出了身体形态。最能唤起人们回忆的地方之一是墓地，即使转向无陪葬品的葬礼仪式之后，墓地仍然是考察那个时代风土人情的场所之一（见第七章）。虽然基督教的墓葬较少放置陪葬品，但是墓葬的造型及上面所附的雕刻仍然是可以作为考察那个时代的重要参考依据。

通过对旧物和古董的考察，我们同样可以研究中世纪的器物。器物可以是有生命的，正如我们从盎格鲁 - 撒克逊谜语中看到的，宗教艺术被认为是生气勃勃和有效的，受到了圣母、基督或圣人精神力量的鼓舞（见第五章）。这种力量通常来源于物品走过的风霜岁月，即使没有基督教的线性时间观念，中世纪早期的民众也会收集和使用旧物。然而，中世纪早期的物品也被中世纪的人们作为古玩展示、改造和保存，并通过与传说人物和真实人物及特定地点的联系，留下了自己的故事。例如，丕平（Pepin）的圣骨匣圣物箱是保存在孔克（Conques）圣弗伊（St. Foy）大教堂的众多宝藏之一（图0-6）。它的形状和样式可能是8世纪的风格，但在11世纪的某个时候被重新加工过。正面面板上的雕金[1]（repoussé）耶稣受难像（crucifixion）是从另一件物品上切割下来的，并根据这件圣物箱进行了改装。在神龛内还发现了一件8世纪的耶稣受难像碎片。围绕着孔克的这件纪念物形成了一些故事，特别是形成了一个传说，它将这件物品和另一个圣骨匣与查理曼大帝联系起来，据说他将基督的包皮

1　雕金：一种金属加工技术，通过从背面锤击使可延展的金属成形，从而形成低浮雕的设计。——译者注

图0-6 丕平的圣物箱，描绘了耶稣受难的情景。8世纪的圣骨匣，11世纪时进行了修改。照片：DEA、A.达格利·奥尔蒂（A. DAGLI ORTI）、德阿戈斯蒂尼公司（De Agostini），通过盖帝图像官网下载

和脐带作为遗物赠送给了孔克，并将这块土地作为"他建立的所有修道院中的第一座"。献给教会的物品，无论是名贵商品还是普通物品，都将个人与教堂或修道院联系在一起，直观地证明了捐赠者与神灵之间的关系。丕平的圣物箱已经因其作为圣物箱而"被神圣化"（见第五章），但在重新使用时，它被用来承载一个关于这个社区的新故事。在这个故事中，查理曼大帝被称为一个强大的创始人，而最初的捐赠者则归于无名。这个故事说明器物本身就是历史和时代的见证者，而且其见证历史所具有的魅力有时甚至超过了文字记录历史的魅力。

在6到8世纪，个人（也可能是工匠团队）开始致力于生产物品。在这种情况下，我们可以认为手工业是以创业和设计为导向的，流动的制造者和他们的物品充当了创新和思想的载体。然而，正如我们所看到的，商业社区的到来促进了设计和生产方式的改变，并增加了技术和知识的交流。人们视野的不断开阔，人员和货物的流动更加频繁，将想法、设计和技术从一个地方带到另一个地方，技术在不同媒介上迅速发展，形成了新的生产方式（见第二章）。另一个影响是，在更大的城市中消费者或生产者群体的推动下，物品的商品化程度日益提高（见第二至四章）。思维的变化对于产生新的器物类型也具有重要意义，例如玻璃窗户和石质建筑在转换时期的明显变化（见第六章）。技术的进步将产品、消费者和社会环境吸引到一个变化的过程中。例如，使用立式织机使得纺织品产量增加，纺织成为男性而非女性职业，生产布料和服装的机会增加，最终形成一种可自由支配的纺织文化（见第四章）。

中世纪的人们被"物品属性"和商品所吸引，但我们认为，物品本身和记录它们的文字定义了本卷所研究的时代。虽然考古学上存留下来的东西和文本上提到的东西中会存在一系列偏差，但是从6世纪到14世纪这一时期，我们仍然相信人们在制造、收集各自的器物。他们试图为自己的房子添置家具，为家人添置衣物，并资助生产特殊物品。中世纪的西欧是一个商品流通的场所，通过交换、买卖，器物流转到了不同人的手中。文字记录在12和13世纪激增，但那个时代的器物留传至今，同样能形象地记录中世纪丰富多彩的生活面貌。直到宗教改革的出现，圣器的减少使我们无法再像过去那样，通过器物去更好地了解那个时代。

第一章

器物性

罗宾·弗莱明　凯瑟琳·L.弗兰奇

引言

我们日益注意到，智能手机、塑料、碳基燃料、枪支、汽车这些东西构成和改变着我们的文化和日常生活，也给我们带来了似乎无法控制的问题。因此，近年来，许多不同领域的学者都转而研究起人类和物质世界之间的复杂联系。致力于研究物质文化的那些人，不仅开始意识到我们生活中的事物塑造了我们自己，也开始意识到过去的事物亦塑造了我们的祖先。我们开始将事物看作参与者和合作伙伴，有时还将其理解为某种不可控的神秘力量。

虽然21世纪的历史学家、考古学家、艺术史学家和对物质性感兴趣的文学家对事物的力量已经有其独特理解，但这些理解都来自我们当前所处的世界，而我们对世界的理解与中世纪人们对世界的理解并不相同。了解我们和中世纪人们分别界定物质文化的方式十分重要。如本卷导言所说，中世纪时间跨度大，在这一千年里，人们认识和使用器物的方式发生了巨变。不仅如此，与这一时期相关的学术研究也发生了巨变，笔者认为，那些研究中世纪早期历史的研究者所取得的研究成果很大程度上得益于考古学家发现的遗迹，而我们这些研究中世纪晚期历史的研究者往往要依靠文本和实物来展开研究。

本章中，笔者将用一系列例子来说明中世纪时期的事物并非只是人类制造和操控的惰性物体，同时也将探索欧洲在公元450年到1500年间在物质和文化上所产生的巨大差异。在本章第一部分，笔者将以动物为例来说明人类与相关事物之间的联系，并由此说明某种单一事物是如何影响中世纪人类的生活方式、衣着打扮、政治和思想的。在第二部分，笔者将重点转向服装，探究中世纪人们如何通过服装和配饰来反映穿戴者的内在品质。服装表现了穿戴者内心的渴望，比如卑鄙小人、非基督教徒和男扮女装的人可以穿上不同服装来假扮他人或掩盖自己的真实身份。在此部分我们将一同来通过服装思考物质生活如何再现社会地位、性别和宗教差异。在最后一部分，笔者将探讨赋予个人物品意义的方式，这些意义在物品存在的漫长时光中可能会发生改变。事物和人类之间相互影响、相互塑造，笔者将探讨生活中事物塑造人类的多种方式。笔者希望这些例子能将抽象的概念具体化，并且能够强调人类对事物的理解是不断变化的，而这种变化在历史上具有偶然性。

行动中的事物：通过动物思考

一想到动物，大多数中古史学家会将它们定义为经济运转中的齿轮。无论是大规模经济体还是小规模家庭经济体都依赖动物：肉、牛奶、兽皮、羊毛、骨头、脂肪、肥料、鸡蛋、羽毛、纤维和牲畜的劳耕。但物质转向论（material turn）[1]坚持认为，就像人类生活中的其他事物一样，我们不应仅仅将动物理解为人类意志控制下的被动工具。因此我们需要认真从动物的角度出发来思考，不单是因为其有助于理清人与事物之间的关系。

动物不仅为人类提供肉类和劳动力，也是风景中的一部分。正如蒂姆·英戈尔德（Tim Ingold）所言，在中世纪，动物处于任务景观（taskscape）的中心位置。任务景观指的是个体在其所居住的空间生活、劳作，并借此改造其周围环境的一系列活动。鉴于动物在中世纪时期大量存在，对其进行物质文化分析能够为我们提供例证来说明事物和器物有自己的生命，并全方位作用于人类，有时这种作用甚至令人意想不到。

人类和动物在彼此的陪伴下度过了漫长岁月，彼此的生活也紧密相连、相互依赖、相互影响，共同决定了人类和动物生活的节奏。动物为人类努力工作，人类也需要花费时间和精力去饲养这些动物。动物与人类之间的特殊联系似乎在任何时候都是自然而然的，但当我们回顾中世纪人类和动物的相互依赖关系时，其链条中的特殊联结有时会不太一样。一旦两者之间的关系纽带变弱，物质生产的整个系统就会崩溃或重整，最后会极大地改变自然景观、任务景观和人类的习惯。

首先，动物和人类之间的关系常常通过人类与事物间的复杂关

---

1 物质转向论：又称物质性转向，是将关注的焦点从社会需求转向考察物是如何能动地"利用"人的。——译者注

系来体现。中世纪的农民改变了动物种群的构成，饲养的动物大小不一，有时会刻意增加或减少雌性动物的数量，偏爱某一物种或大量饲养某一动物的特定品种，这不仅塑造了动物的生活环境，也塑造了兽群、动物种群以及它们赖以生存和劳作的环境。人类学会了游牧生活，使用的工具也有所不同，这些都改变了人类的肌肉组织、身材和骨量，也改变了人类身体的生理构成。数量庞大、种类繁多的昆虫、啮齿动物、流浪动物和鸟类不为人类所圈养，独自生活在田野、仓库和垃圾堆中，适应人类食物，以人类食物为生，并常常对人类的生活造成危害。

在中世纪，无论是有意还是无意，人类和其饲养的动物近距离接触就意味着他们常患有同类疾病或灾难性的流行病。例如，中世纪早期至少发生了三次重大的人牛死亡事件（human-bovine mortality），影响了欧洲大片地区。这些事件背后是同一种疾病，该疾病已初步确定为现代麻疹和牛瘟的始祖。仅在动物间传播的传染病（家畜流行病）夺去了大量动物的生命，也因此改变了人类的生活。在14世纪早期，一种可能是牛瘟的牛类流行病造成了大饥荒，消灭了一多半的牛类种群。由于重建牛群需要数年时间，大饥荒时期（Great Famine）[1] 幸存的孩子们在成长过程中摄入的蛋白质很少，这可能是大约三十年后黑死病死亡率极高的原因之一。三年内，欧洲可能有一半的人口死于黑死病，这是另一种由于人类和动物近距离接触而产生的流行病。跳蚤（拉丁语为 "Xenopsylla cheopis"）以

1　大饥荒时期：指1315至1317年欧洲发生的一场大饥荒，几年内造成数百万人死亡。——译者注

啮齿类动物的血液为生，而啮齿类动物又得益于人类的勤劳大肆繁衍，它们可能促进了鼠疫从啮齿类动物向人类的传播，但人类还不完全了解这种传播方式。这些病毒往往附着在食物、马匹或者军用动物上，随着战争从一个地区传播到另一个地区——那个时期的政治不仅关乎人际关系，还决定着动物的命运。例如，从欧洲西北部中世纪早期墓地中发现的麻风杆菌，很可能就是红松鼠传播给人类的。到了12世纪，麻风病患者家庭、寻求麻风病病因的医学研究者、试图治疗麻风病的教会机构，以及试图通过关爱麻风病患者来让自己免于永恒诅咒的富裕捐赠者，都对麻风病极为关注。就这样，一种毫不起眼的中世纪早期啮齿动物影响了中世纪晚期的社会制度、医疗体系、教会和神秘学。

　　动物也处于人类象征性、认知性和仪式性生活的核心位置，它们不仅是物质世界的创造者，同时也帮助人们塑造思想世界和那些看不见或无法解释的事物之间的关系。中世纪的动物也是重要的社会参与者，用来传达、象征和体现其主人的社会地位及性别。例如，在中世纪，马象征着高等级，精英男性用马匹和与之相关的物质文化来彰显其较高的地位或军事气质。中世纪后半叶，攻击和肢解一个人的马则被视为对马主人的侮辱和对其男性气概的抨击。

　　中世纪早期，在葬礼上奄奄一息的马和坟墓中死去的马可以营造紧张、血腥的墓葬氛围。比如，公元481年，负责法兰克国王希尔德里克（Frankish King Childeric）[1]葬礼的人屠杀了二十一匹马，

1　希尔德里克：此处所指是希尔德里克一世，萨利昂法兰克人国王，于公元481年逝世。——译者注

并将其中一匹马的头放在国王的遗体旁边，其余的马则被堆在附近的三个墓坑中。在葬礼上安排一匹马，不仅体现出逝者的重要性、威武气息和财富，也凸显出其继承人的重要性。然而，在中世纪早期的英格兰，大多数家庭似乎都认为在葬礼上使用马匹不合适，而且马葬很少见。但是在东安格利亚（East Anglia）的大型火化墓地里，马祭并非什么独特的仪式，而且无论逝者是男是女，都常使用马祭。生活在同一地区的火葬者和土葬者对于马匹使用的差异提醒我们，环境对事物的影响至关重要，不同的群体，即使是生活在附近的群体，对同一事物都会赋予完全不同的意义。

正如霍华德·威廉（Howard William）所说，人类、马和其他动物共用葬礼柴堆，"混淆了这三个物种的差异"。大约公元900年，在瑞典乌普兰（Uppland）维比霍根（Vibyhögen）的一次葬礼上，一位伟人身盖山猫皮和熊皮进行火葬，还有六匹马、一头牛、两只羊、一头猪、六条狗、一只猫、一只鹅、一只母鸡、一只苍鹰和一条鳕鱼进行陪葬。火一烧尽，便再放入其他动物：一只松鼠、一只乌鸦、一只公鸡、一条鲈鱼和一条梭子鱼。这个动物组合并不是随机选择的，而是高贵的和普通的、野生的和驯养的，以及天上、地下和水里的各类动物的多样组合。这些动物体现了墓葬主人的身份，这在当时英国和斯堪的纳维亚半岛高端金属制品中的动物形象上有所体现。在本卷导言中讨论过的第一艺术风格的特点，是动物和人体被部分重制后形成无法辨认的"人—鸟—兽"模样。托马斯·J. T.威廉姆斯（Thomas J. T. Williams）认为，勇士挥舞着人鸟兽纹的剑，甚至还可能会戴上野猪头盔，这表明物种越界是那个时代勇士采取的一种姿态。所有这些都象征着地位较高的男性希望自己也能像野兽一样勇猛威武。

在葬礼上，动物被摆放成各种造型，就像勇士发出攻击的行为一样，这使得一些教会人士深感不适。通过文字记载，我们也可以发现马的重要性有所下降。也许因为杀马是葬礼上的常见做法，在英国、爱尔兰及欧洲大陆，从7世纪开始，修道士写下了各种劝诫和禁令，反对食用马肉。8世纪时，一位爱尔兰忏悔法庭给吃马肉的人安排了三年半的忏悔时间，这一忏悔时间比与动物发生性关系这一不伦行为的忏悔时间还要长一年半。但是，有其他证据表明，在英格兰和爱尔兰地区，马仍旧是特殊场合的食物，吃马肉的人要么不知道新禁令，要么根本不在意。

9世纪时，处于皈依边缘的保加利亚国王鲍里斯一世（the Bulgar King Boris）[1]向教皇尼古拉一世提出了一系列问题，以明确基督徒的行为哪些可为哪些不可为。他最关心的问题是，皈依之后，自己国家的人民是否还能骑马，是否还能用马来买一位妻子。尽管教皇非常温和地教导国王为何在战场上佩戴十字架比佩戴马尾更好，但幸运的是，对鲍里斯来说，教皇并不反对马继续扮演能够塑造政治地位、表明男子气概、宣示参与战争和宣示婚姻的角色，这些做法完全符合欧洲基督教世界的要求。

基督教也在试图去除动物以往所扮演的一些角色。那些忏悔过往、传道布施的信徒们，下定决心要根除动物占卜这一普遍做法，特别是鸟类占卜。古英语对巫师和占卜者的词汇注释中有一些奇妙

1　鲍里斯一世：中世纪保加利亚的君主，第一代信仰基督教的大公（国王）。——译者注

的复合词，比如 fugelhælsere（英文为 bird-beseecher，意为寻鸟者）和 fugelhwata（英文为 bird-diviner，意为鸟类占卜师），这些词强调了这些生物在占卜中的作用。直到 11 世纪，讲道者还试图把用鸟类来占卜的人列为世上罪孽最深的人，他们还高声反对普通信徒用鸟（有时还有马）来做占卜，并给他们贴上叛教者的标签。

尽管如此，在这些教士的头脑里，动物这个词是永远无法抹去的。肢解动物并用其祭祀，对于基督教来说一直不可或缺。有时是在某些环境下悄悄进行，有时则在某种庆祝仪式上公开进行。正如 10 世纪《埃克塞特书》中第 24 个谜所写的那样。这条谜语向读者解释了《圣经》中赞美牲畜的必要牺牲，毕竟《圣经》就写在牛皮上。在这种基督教背景下，宰杀动物和肢解动物与曾经的马祭一样具有变革性。动物也继续在虔诚信徒的头脑中占据主导地位，让他们与特定的圣人、信仰和节日紧密相连。例如，鹈鹕在基督教中象征着圣餐和基督的牺牲，因为中世纪的基督徒同他们希腊罗马的祖先一样，相信鹈鹕会啄开自己的前胸，用自己的血肉来喂养小鹈鹕（图1–1）。

物质惯习（Material Habitus）与身份

对中世纪服装的研究，让我们开始思索"物质惯习"的含义，即"物质世界"是由我们构想和创建的，我们的物质惯习反过来又通过日常实践塑造了我们的文化与生活。首先，因为人们穿着衣服生活，行动受到衣服的各种限制，所以衣服反过来影响了我们所生活的这个世界。其次，审视服饰这一类事物有助于我们思考身份，并理解为什么服装会使我们产生差异性。而服装也会使相同民族的

图1-1　受古典作品的影响，中世纪的圣像画中有时会描绘鹈
鹕用自己的血来喂养幼鸟，这使它成为基督的象征。彩绘玻璃
碎片描绘的可能是一只鹈鹕在啄食自己的胸部。发掘于中世纪
英格兰杜伦郡奥克兰主教宫中。照片：杰弗里·维奇（Jeffrey
Veitch），杜伦大学，版权：杜伦大学考古学系

人在外表上具有相似性，最终成了某个民族的特征。

关于精神世界和物质世界之间的关系，神学家、大学教员、政府官员和城市中的奋斗者进行了大量辩论，服装就是辩论内容之一。中世纪的人明白，服装不仅能保护身体免受寒热侵袭，还能建立和体现一个人的性别、职业和地位。但是，人们的穿着方式是否具有特定含义，是否具有社会意义，是否清晰易辨呢？穿着方式是否准确地传递了穿戴者所希望表达的信息，是否准确传递了观众需要看到的信息？究竟是服装反映了穿戴者的内在身份，还是服装塑造了穿戴者的身份？

服装有通过其无穷无尽的视觉可能性来宣示身份的力量，这种力量困扰着中世纪道德家。在11世纪，讲道者担心新贵会打扮得像伯爵一样。久而久之，能否获得这一时期的高级地位，将取决于一个人有多少钱，而不是他认识谁。因此，埃尼塞姆（Eynesham）的埃尔夫里克（Ælfric）[1] 担心"有金银财宝的人可以得到他想要的任何东西"。然而，约克大主教沃尔夫斯坦（Wulfstan of York）酸溜溜地说："一个没有五块地皮的底层自由民，即便拿着镀金宝剑，也还是底层自由民。"言外之意是，尽管有些底层自由民穿着得体，但依然改变不了其社会地位。新居民结合本地服装创造了新的服装风格，他们可能会模仿地位更高的人的服装风格，正如玛莎·豪厄尔（Martha Howell）所说，这些事情不仅挑战了社会秩序，还破坏了服装"体现身份"的准确性。

1　埃尔夫里克：盎格鲁－撒克逊的大修道院院长，也是着重于人文的古英语散文作家。——译者注

在这种与服装有关的物质文化中，人们的身份和社会地位得到了充分的体现。总的来说，中世纪服装在性别划分上很明确。在尼克·斯托德利（Nick Stoodley）检查的数千具骨骼中，只有0.37%的女性墓葬和2.08%的男性墓葬中尸体的服饰会被误认为是异性，这两个数据在骨骼性别鉴定可接受的统计误差范围内。14世纪所谓的时尚新潮再次强化了这种联系。与其说时尚是风格的独特变化，不如说是对新鲜事物的追求，以及对变化本身的渴求（图1-2）。为了寻求新风格，服装也逐渐区分男女款式。男性服装开始通过填充肩部和胸部以及合腰身来突出身体的形状，紧身衣也突出了腿部线条。14世纪时，一位法国编年史家抱怨，"男人开始穿又短又紧的紧身外衣，特别是贵族和他们的侍从"。女性服装也变得更加修身，紧身的袖子、V领、窄肩、紧身胸衣和长裙，这些设计都突出胸部和腰部的线条，但从不凸显腿部线条。

大量证据表明，正值壮年的成年人能更好地理解性别化服装背后的规则，而且他们也几乎都遵守这些规则。但凡事都有例外。例如，中世纪早期，斯堪的纳维亚半岛的金箔人物形象和小护身符就展示了性别模糊的人物形象。在许多金箔上，打扮成男性和战士的人物形象也拿着权杖和水杯，而这两件物品都是女性权力的象征。同样，在丹麦西兰岛莱尔（Lejre）发掘出的奥丁（Odin）小银像也是如此，奥丁和他的两只乌鸦一起坐在椅子上，他穿着女装，戴着一条精致的女士项链（图1-3）。中世纪晚期的基督教牧师有时穿着用女性衣服制成的圣衣。例如，一位名叫伊丽莎白·泰姆普利（Eliz-abeth Tymprly）的女性就将自己的结婚礼服留给了她所在的教区教堂，为牧师重新制作圣衣。

图 1-2　这张图片中的男人穿着不同风格的衣服。年轻的贵族穿的是最
新款式，衣服很短，遮不住腿。年长的商人穿着更为传统的长袍，多用
豪华布料制作，且能够很好地修饰体型。转载自让·弗鲁瓦萨尔（Jean
Froissart）所著的编年史，荷兰，约公元1470—1472年。版权：大英图
书馆董事会，哈雷 4380，第 108 页

图1-3 小型奥丁银质雕像，奥丁身穿及地长裙和围裙，配有四条珠子项链、一个颈环、一件斗篷和一顶无边帽。约公元900年制作，出土于丹麦雷耶尔。高18毫米，重9克。照片：奥勒·马灵（Ole Malling）。版权：勒姆岛博物馆，丹麦

尽管有宗教仪式做背景，中世纪的当权者仍普遍认为，女性穿男装时意味着她们想要获得男性享有的权利；而男性穿女装时，则代表他们放弃了性别权威，这个过程与男性开始纺纱没什么不同，因为纺纱被想当然地认为是女性职业。伦敦妓女约翰或埃莉诺·莱克那（John/ Eleanor Rykener）[1]被捕就证实了这些假设。1394年，伦敦警

———————

1 这个人其实是约翰，他自称埃莉诺。——译者注

方以卖淫罪逮捕了埃莉诺·莱克那。在检查过程中，警方确认他是约翰·莱克那。审讯记录记载不详，但显而易见，他有男性生殖器，却穿着女性服装，并与男性发生性关系。虽然这些记录中没有说明约翰或埃莉诺是如何定义自己的，但记录显示法庭很难定义其男女身份，因为其身体、穿着和性行为都向法庭传递出互相矛盾的信息。

另一个与当权者对抗的是玛格丽·坎普（Margery Kempe），这起对抗说明了服装在展示和塑造多种身份中所产生的冲突。在她寻求精神慰藉的过程中，玛格丽在精神上进行了许多朝圣之旅，并写下了自己与耶稣的私情。她声称耶稣曾指示她穿全白的衣服，而全白的衣服在中世纪晚期的英格兰非同寻常。她的着装和行为都引起了林肯主教（Bishop of Lincoln）和坎特伯雷大主教（Archbishop of Canterbury）的注意，他们怀疑她是异教徒的部分原因就是她穿着怪异。他们都明白服装体现一个人的身份，但他们无法就体现的是何种身份达成一致。玛格丽认为自己是一位虔诚、正统而且忠顺的基督徒，而主教们则认为她难以相处、叛逆，甚至可能是异教徒。

中世纪的政府正式立法规定了不同人的着装要求，尽其所能来修正服装与个人身份的关系。他们的努力中非常有意思的一点是，他们向我们展示了区分不同的身份有多难，因为无论是人们的地位、性别、宗教信仰还是道德价值，都以某种方式交织在一起，难以拆分。意大利禁奢令的制定者抨击了女性在衣服上花费大量金钱的行为，以打击傲慢、粗鲁和欺骗的罪恶行为。1488年，热那亚立法要求女性的紧身胸衣遮住胸部和肩膀，直到遮住"喉咙前的两块骨头"为止。女性为免遭起诉而经常改变衣着，市政府和州政府颁布这些法律，不仅力图界定服装和身份之间的合理关系，而且还努力让自已能合法穿着奢侈服饰，并凸显自己的重要性，从而强调其自身的正统地位和权威。

当女性在奋力调和内在身份与外在身份之间的矛盾时，那些制定禁奢令的人也在与基督教就肉体与精神关系争论不休。因此，禁奢令的目的是强制那些被认为有道德问题的人穿特定服装。为避免人们将妓女误认为是"善良或高贵的女士"，禁奢令对她们的服装作了大量限制。比萨的妓女必须在头上戴一圈黄色的方形网眼边花，而佛罗伦萨的妓女则要在兜帽或斗篷上系铃铛。佛罗伦萨的法律也试图限制这些女性穿某些服装，比如，某些种类的高跟鞋、手套和腰带仅限妓女使用。生活在基督教国家的少数派宗教也被要求佩戴代表他们信仰的特定外在标识。1215 年，第四次拉特兰宗教会议（the Fourth Lateran Council）[1] 命令犹太人和穆斯林佩戴特殊的徽章，似乎是为了防止发生跨宗教婚姻和纳妾等行为。后来的立法禁止宗教少数群体穿戴可能使他们与当地神职人员或贵族混淆的服装。然而，所有这些立法都暗示我们，犹太人、基督徒和穆斯林，以及妓女和"受人尊敬的女性"，并不总是那么容易通过衣着来区分。这类法律的反复颁布进一步说明，总有些人认为他们可以像改变服装一样改变自己的身份，他们的内在自我和外在自我之间的联系被削弱。他们开始质疑政府限制人们表现外在自我的自由。

1　第四次拉特兰宗教会议：第四次在罗马拉特兰宫举行的第十二次大公会议，由教皇英诺森三世在 1215 年所召开。此次会议命令犹太人及穆斯林穿着特别服装。犹太人除了不可担任有权管辖基督徒的公职外，更被排除于一般社会之外；会议中还规定犹太人必须佩带一种特殊标记。此次会议中的决定不仅确立了教会生活与教皇权力的顶峰，也象征教廷的权力已支配拉丁基督教界的每一个方面。——译者注

用玛莎·豪厄尔的话说，禁奢令表明"对器物如何使用，人们争论不休"。严厉的禁奢令和对服装选择的法律诉讼表明，到中世纪晚期，人们并不确定一个人的着装和一个人的身份之间究竟是何种关系。尽管立法者想要明确一个人的身份和他的着装之间的固定关系，也就是说明某种社会地位的人究竟应该穿什么样的衣服，但消费的扩大让这个问题更加复杂，因为服装风格改变起来非常容易。服装款式变化非常快，生活水平的提高使得越来越多的人都能穿传统上只属于少数精英阶层的奢侈服装。

个人物品

对于中世纪的创造者和观察者来说，物品不仅仅传达出一个人的身份。它们有多重意义，而且这些意义在它们存在的漫长岁月中还会发生改变。物品所有者意识到这一点，常一致认为他们的一些东西是社会地位的承载者。但由于这些物品本身的价值，这些东西有时可能会被其所有者交易、损毁或抵押。

中世纪晚期消费的增长意味着更多社会阶层较低的人有能力购买家具和餐具。他们用这些东西来装东西，并服务于自己的生活。如果物品坏了或磨损了，可能会被回收，这样能体现出一种不同的价值。但是所有者也在物品上投入了情感、记忆，他们也用这些物品将年轻的家庭成员同先辈联系起来。家具和餐具是可以交易的，这意味着可将物品的价值抽离出来换取不同商品，比如一条项链和一把椅子互换，就需要比较它们的货币价值。由于欧洲长期缺乏货币，而且当时的货币制度常常不适合小规模的日常生活交易，所以物品的可互换性在中世纪晚期尤为重要。大家明白，自己的财产可以遗赠给后人，后人可以用这些遗产换取他们的生活所需。例如，伦敦一位名叫约翰·万德斯沃斯（John Wandesworth）的酿酒商就"用餐具或者家用物品的形式"给他的继女留下了财产，这些财产的价值相当于6镑13先令4便士[1]。不过，这些商品的货币价值并不是它们唯一的价值，因为家用物品本身就有使用价值。约翰留给他继女的东西，也许能为她找到一个合适的配偶；如果继女结婚了，那些东西也许可以帮她装饰房子。伦敦的约翰·惠勒（John Wheler）留给他已婚的女儿"价值8英镑的珠子、戒指、一个梅泽碗（mazer，一种精致的木质饮用碗）和一个银质盐罐"。同万德斯沃斯一样，惠勒知道这些东西既有货币价值，也有使用价值，因此他详细列出女儿将继承的物品。这说明他知道女儿可能想要这些东西，或因为它们曾属于她的母亲，或因为她希望为客人准备一桌好食物，或还因为抵押这些东西能帮家庭渡过难关。

家庭物品也寄托着人们的感情，有纪念意义，人们临终前口述遗嘱时会交代这些物品。这些临终前的嘱托不仅可以为遗嘱执行人找到遗产提供线索，也见证了一件物品对所有者的情感价值。例如，伦敦寡妇伊丽莎白·贝利（Elizabeth Bayly）对"我丈夫每天都戴着的那条小项链"的描述，并不能直观地让人辨别出这条项链，但这样的描述证明了这条项链所承载的情感价值，在临终之际反复说这条项链的故事，让她能回忆起婚姻中亲密无间的时刻。当宣读遗嘱时，那些继承这条项链的人就知道将那些记忆同他们留下的物品联系起来。在另一份遗嘱中，约翰·派尔斯（John Pyers）表示，"送

1　1镑=20先令，1先令=12便士。——编者注

给我的女儿琼（Joan）一个梅泽碗，这是我亲爱的母亲玛格丽特·佩尔斯（Margaret Peruse）送给我的礼物，她用这个梅泽碗来为她的灵魂和丈夫祈祷"。这几句遗嘱还将这个碗变成了他母亲的纪念物，要求自己的女儿也记住他的母亲。因此，故事、物品和遗赠再次强调了家庭成员对彼此的纪念和责任。

但是，事物的情感意义与它们承载的货币价值发生了冲突。有钱人的大部分财富通过其拥有的珠宝来体现，当然，出于经济需求或是商业需求，他们可以用这些东西来置换现金，将物品抵押或典当给朋友、亲戚来换取现金是很常见的做法。最常拿去抵押的物品是水杯、汤匙和女性腰带，所有这些物品都有家庭意义。名叫安妮·塔维纳（Anne Taverner）的伦敦寡妇收到的贷款抵押品中，有一个镀金带盖的高脚杯，价值47先令8便士。原主人无力将其赎回，因此这个高脚杯成了安妮的财产。约翰·伍德沃德（John Wodeword）以遗嘱的形式将抵押品遗赠给了借款人，并且免除了其债务："我要将一个小梅泽碗……遗赠给我的妹妹，（她的丈夫）用这个碗作抵押，换了一对属于她的高档镀金银带扣。"所以，尽管借贷有可能让物品流向他人之手，在感情上难以接受，但商业让人们赋予了物品新的意义。

当立遗嘱人将财产遗赠给教会时，他们知道，自己的捐赠行为能将普通物品变成虔敬的宗教物品。最常见的是衣服和珠宝。许多女人要求将自己遗赠给教会的衣服或珠宝用来装扮教堂里的圣人雕像。例如，1403年英格兰巴斯的希比尔·波琼（Sybil Pochon）将圣凯瑟琳（St. Katherine）的画像留给了自己所在的圣玛丽德斯泰勒教区（St. Mary de Stalle），她希望教区在凯瑟琳的圣徒日给她穿上

"最好的丝质长袍"。年复一年，这样的遗赠能为一个圣人积累出一衣柜的衣服！有些遗赠的意义则更为深远。伦敦一位市议员的遗孀艾格尼丝·温加（Agnes Wyngar）将"每天都用"的银盆和水壶赠送给她教区的教堂。她解释说，这笔赠与将一直由教区教堂管理员保管，不过可以用于"这个教区任何人的孩子的洗礼……每个借用的人……在洗礼结束后应立即将其归还给该管理员"。无论是在教堂的预定受洗，还是在家进行的紧急洗礼，圣礼中使用的物品在洗礼过程中都是神圣的，不能再在家务中使用，因为这是一种亵渎。这一规定强调了物品可以在不改变形式的情况下呈现包括仪式作用在内的新作用。在不同情境下，物品会发挥不同的作用，协助完成不同的工作。

　　同样，在中世纪，许多女性佩戴念珠（也称作祷告念珠或数珠），这些念珠体现出主人的虔诚。中世纪宝石鉴定家告诉我们，用来制作念珠的宝石通常是有辟邪作用的，珊瑚可以止血、防止月经过多、提高生育能力，黑玉可以激发月经、辨别女性贞洁，而琥珀则可以帮助孕妇分娩。毫无疑问，珊瑚、黑玉和琥珀是做念珠最常用的材料。作为医疗或是辟邪用品，所有者将这些东西挂在病人身上，或是放在病人身边，或将其浸泡在液体中作为药物制备的一部分，或用其按摩患者生病的部位。作念珠用时，人们也常将它们作为礼物送给朋友、家人或者教堂。威斯敏斯特的圣玛格丽特教区教堂收到了一位教区居民赠送的一串珊瑚念珠，"每天，或者每一个神圣的日子，都要挂在圣玛格丽特的画像上"。把念珠捐给教会，或许是为了感谢顺利怀孕或是疾病痊愈。有时候，念珠也可以分给教区的女性。然而，念珠仍然是表示虔敬的物品和医疗的辅助工具，并没有发挥先前作为身体装饰物、日常祈祷的辅助工具等功能。因此，在基督教的整个转变过程中，念珠对女性有着重要意义，这种意义和价值已经超越了装饰作用，上升到了精神层面。

结语

因为器物能赋予人们力量，塑造人们生活的社会和精神世界，所以，它们是学者们研究历史、理解过去的重要材料。人类同自己塑造的器物世界之间形成了错综复杂的关系，这种关系反过来又塑造了人类，产生了相互依存的关系网，这些关系网又再以深刻的方式塑造了中世纪的社会和文化。人们生活中的器物塑造了日常生活、餐饮习惯和世间风景，也塑造了精神世界、隐喻思维和政治话语。器物也体现着文化价值，在塑造个人的同时也展示它们的个性，并用以区分各类群体和人物身份。与此同时，中世纪不同时期、不同地点的不同群体和个人对器物的意义及其影响力都有不同的看法，有时他们对器物的理解会发生改变。不仅仅是人，器物也作为参与者和人类创造了过去，有时甚至成为人类无法控制的力量。

第二章

技术

中世纪欧洲造物

史蒂芬·P. 阿什比

8世纪中叶，陶工在里贝（Ribe）安居乐业。这些陶工把黏土放在轮子上转动制成生坯，然后在窑里烧成陶罐，制造出一系列具有明显德国南部风格的器皿。这些产品与日德兰半岛（Jutland）流行的传统陶瓷完全不同。有人认为这些陶工是法兰克人或是法里逊人（Frisian）。但无论他们来自哪里，在日德兰半岛，他们都是创新者。他们的产品有着前所未有的外形和材质，风格独特，耐用性强，而且可能正是这些产品让里贝走进了欧洲大陆的陶瓷世界。但是，这项创新并没有继续发扬光大。他们制造的陶器似乎没有被他人模仿。到8世纪后半叶，这种陶瓷传统逐渐消失，在考古学中也不常见。显然，这种新形式的陶器难以吸引消费者，因而没有保留下来。直到公元13世纪，轮制陶瓷（wheel-turned pottery）才作为传统制造回归里贝。

　　这个小插曲给我们上了重要的一课。物质文化史常常被描绘成沿着一条始终如一的道路不断前进，有点像技术目的论。这使得我们能将样式和图案作为"标准化石"，以物质的方式描述时间和地点。然而，技术并非如此。就像史蒂芬·J.古尔德（Stephen J. Gould）在《奇妙的生命》（*Wonderful Life*）中对自然选择的看法一样，人工制作传统的发展得益于对多种方法的探索，有些方法成功了，有些则走进了死胡同。这种方法的偶然性是理解物质世界变化的核心。

尽管中世纪考古学对这一现象的关注相对较少，但人类学和社会科学对其进行了大量研究。通过研究现当代的技术发展，我们已经清楚地认识到，将技术作为一个孤立的研究主题远远不够，我们需要将技术置于其所处社会、经济和政治背景中去研究。操作链（chaine opératoire or operational sequence）为这种研究提供了一个非常重要的研究框架，但必须结合社会背景进行研究，所以只对技术过程进行描述几乎没什么用。此外，技术史不仅仅是创新史，同时也是接纳与排斥的历史，而决定技术取得进步的驱动因素往往与技术领域相去甚远。

本章不会试图对各种中世纪工业的组织和生产进行描述，因为其他学者已经做得很好了。相反，我将采用一些重要的理论方法来研究与中世纪欧洲的技术发展相关的创新、接纳和排斥现象，然后将这些想法应用到横跨整个中世纪时期的例子中。考古学方法和理论的最新成果意义重大，虽然它们在技术研究中有所涉及，但到目前为止，方法与理论尚未很好地结合在一起。本章将继续从理论上对中世纪北欧的工艺制造进行概述。

在这个时间范围内，我们应注意的是，在公元800—900年这段时期，与制造业相关的资料数量更多，而且更加集中。事实上，许多维京时代和中世纪后期的工业都以城市为中心，这说明中世纪早期的工匠日益专业化，市场也不断扩大。本章的重点是人工制品，这使得研究能够参照与工艺（包括常被称为"手工艺"的东西）有关的古典文献。在选择案例研究时，我们没有将"日常"用品和上层社会使用的物品区分开来，但如果有证据表明这两种生产环境之间存在显著的技术差距时，我们会强调两者之间的差异。

中世纪工艺

如果将考古学看作对人类过去物质的研究，那么对包括社会变化、经济变化、政治变化、宗教变化在内的这些变化的认识，就是研究的核心。技术（对知识的实际应用）是人类社会的基础，而创新（我们可以简单地定义为技术在发展中的进步）在社会、经济、政治和宗教变革中发挥着重要作用。然而，创新的作用就其本质而言，是模糊的。手握权力的人能进行改变，在他们的指令下，技术随社会需求而发展。但需求真的是"发明之母"吗？还是说，技术才是主导接受某些发展机会、拒绝其他机会并最终决定社会和文化的发展轨迹的因素呢？本章并非排演政治决定论与科技决定论的辩论，但分析这一问题有助于我们研究技术是如何在中世纪的欧洲展开的。

在考古学形成的年代，古器物自然是古物学家的研究对象。技术是连接构成考古学第一块年表基石的黏合剂，但总体而言，人们还是更关注古器物的样式和纹饰，而非其制造方法。从这一点出发，人们可能期望在讨论中世纪时重点研究古器物的样式和纹饰，但随着20世纪60年代、70年代和80年代新考古学（New Archaeology）的兴起，这些古代的小物件对于考古研究还是很有用的，可以用它们来考察当时的生产和交换。类型学[1]排序（typological sequences）仍然是研究社会演化的关键锚点。在这些模型下，技术是在满足不断变化的社会需求下发展的。比如有人认为，7世纪时，英国细齿发梳数量激增，可能是因居住环境人口日益密集而带来的虱子问题不断升级的结果。

另一种观点则认为技术推动变革。这个观点显然非常吸引考古学家，因为这种观点认为社会和经济的发展并不是根源于少数社会精英，而是源于社会上知识和技能的长期积累。对于中世纪研究者来说，这种技术决定论的影响在考古学的分歧中显而易见，比如有人认为帆的发明开启了维京时代，有人认为封建主义起源于马匹装备，有人则认为在中世纪晚期，长弓影响了英国和法国的政治。

但是，在过去20年左右的时间里，理论和方法的不断创新与随之而来的其他发展极大地改变了对中世纪技术、组织和通讯的研究。其中最主要的便是再次出现了与古器物相关的研究，辛德巴克和吉尔克里斯特还发表了相关的重要综述。人们可能也注意到了，在理解生产的社会环境和消费者选择的重要性方面，人类思维发生了重大转变。将工匠视为生产过程中的主体，以及操作链概念的形成和对器物进行传记性的记载都是其所取得的重大理论突破。操作链概念的形成和器物传记的写作往往借鉴了自然科学的研究技巧。研究中世纪时期

---

1 在考古学中，类型学（typology）是根据事物的物理特征对其进行分类的结果。类型学有助于管理大量的考古数据。—— 译者注

对复杂系统分析和行动者网络理论（actor-network theory）[1]的借鉴同样重要，这让我们能够将这些考古发现的器物整理归纳起来，并将其整理成为大数据，将局部和宏观模式结合起来，从而获得重大新见解。

在下文中，笔者认为最近的学者既通过关注技术和创新来研究生产，也研究这种现象对中世纪社会和人口的影响。为了将它们置于这个背景中，笔者将研究一些中世纪的工艺记录——这是研究技术、组织和通讯的重要先决条件。此番讨论源自约克大学维京城镇中的工艺网络项目 [Crafting Networks in Viking Towns（CNVT）project]，笔者也参与其中。

本章并非试图讨论所有的北欧中世纪工艺，而是将英国和斯堪的纳维亚半岛作为这一时期总体变化的代表进行讨论。许多社会主题都涉及中世纪工艺，这些主题有：工艺技术的变革性力量，工艺技术的革命性作用，工艺技术与身份的关系，工匠间的互动程度及特点，以及工业技术拒绝创新的影响。对此，我们可能会有一些疑问。从英国低地[2]开始，在公元4世纪晚期和5世纪时，罗马帝国的衰落对各行各业产生了怎样的影响？他们在这个时期是如何应对和发展的？这同我们在北欧和欧洲大陆看到的又有哪些区别？是否能利用社会环境来解释变化的地区差异？随着北海和波罗的海之间的交通改善和沿海商业中心的出现，工艺活动的繁荣或产品进入他国市场是否对行业组织产生了实质性的影响？工艺和10世纪的城市革

---

1 行动者网络理论：是一种社会学分析方法，该理论认为物体、思想、过程及其他相关因素在创造社会环境时与人类同等重要。——译者注

2 英国低地（lowland Britain），也称苏格兰低地（Scottish Lowlands），是苏格兰中部地势相对较低的地带的总称。——译者注

命之间有什么关系？随着手工艺活动在第二个千年期间变得高度城市化，这对社会环境和工匠的经济产出产生了怎样的影响？这些问题都很难，但也比较有趣。

技术转换

如本卷导言所述，对后罗马时期和盎格鲁－撒克逊时期金属加工的研究主要集中在从墓穴中挖掘出的物品上，尤其是剑和珠宝。虽然传统的研究工作从本质上来说都是研究类型或技术，但近年来的研究注重从社会和政治方面来解读这些材料。研究注重提高时间精度，有少数技术分析尝试将物品置于其社会背景中进行分析。例如，一项研究发现，5世纪"圆环胸针"风格的金属制品的共同特点在于其技术而非其形态，而且该研究将其生产方式同罗马晚期的背景联系起来。以前的物品具有神秘感，研究这些物品的技术要结合后罗马时代背景，而非只将其与盎格鲁－撒克逊定居点联系起来。从理论上来说，技术分析确实能够解答一些问题，但如果我们只重点关注器物形式和装饰，有些问题则难以理解。然而，装饰性金属制品显然不能代表社会中广大群众的物质文化，他们中很多人过着普普通通的生活，大部分时间都在耕种田地和设法谋生。罗宾·弗莱明（Robin Fleming）认为后罗马时期英国的大部分人相对贫穷，而金属加工这种复杂工业的崩溃使人们深刻感受到罗马统治的终结。供应网络脱节，手工业也随之瘫痪，这些都必定让普通人的生活陷入困境。

我们又该如何看待这一时期的工艺呢？当然，5世纪和6世纪仍然对制造业有需求，清理和回收罗马的物品和建筑材料似乎满足了金属加工业对原材料的需求（毫无疑问，其他工艺也是如此）。这种混杂的资源并不是理想的武器生产原料，甚至有些人说这一时期的部队并未打算大量使用此类武器。相比之下，英国东南部许多墓穴中出土的剑，质量好，焊接精良，不可能是用这些材料制造的。因此，能够获得优质的大陆铁是盎格鲁－撒克逊贵族与众不同的重要原因。由此可见，技术及其相关的生产网络显然是构成中世纪早期贵族身份的核心要素。技术总是扎根于社会，这是一个政治色彩浓厚的例子。

我们还应该考虑到特定社会环境对技术的影响。在这个物资匮乏的后罗马时代，金属加工可能产生了新的意义，甚至可能是一种超自然过程。这点可以从冶炼背景（看上去游离在边缘位置的铁匠）和贵族阶级对技术的控制中可见。几个世纪过去了，铁的供应似乎有所改善，到了7世纪，我们在英格兰低地地区发现了有关冶炼和专业炼铁的证据。到了8世纪和9世纪，贵族阶级掌握了冶炼和专业炼铁技术。当然，在维京时期和中世纪后期，炼铁仍然是一项非常重要的乡村活动。有证据表明，随着城镇中出现越来越多的专业技术，某些物品的制造，如锁和钥匙，就开始变得更加专业。这为中世纪城市手工业的发展奠定了基础，尽管不同行业之间仍存在操作差异，但手工业作为一个整体变得更加专业化、集约化、组织化和静态化。

而有色金属的加工情况与发展则截然不同。金属铸造似乎在农村地区进行了很长一段时间，大概是在贵族的庇护下进行的。到了8世纪末和9世纪，大部分有色金属加工似乎集中在少数几个城市中心和市场上。下文将讨论其原因，但它对技术发展产生了深远影响。思想和技术在传播中进行交流与碰撞，带来了技术变革。为了有效地采用新技术，人和地点尤为重要，因为技术的学习依赖于观察和实践经验，而非直接模仿设计或装饰。显然，在中世纪的北欧，有些特殊场地在这个过程中起了催化作用，首先是修道院和贵族聚集地，接着是市场、贸易中心和城镇。

工匠在城镇里的选址可能更多的是为了生产而非销售，特别是铜合金的加工，不仅要求工匠经验丰富，还需要有合适的专业工具、作坊和原材料。原材料是一个经常被忽视的条件，而这却是市场和城市居民区选址的决定性因素。至此，回收的金属已不再适合专业生产，金属铸造厂越来越依赖质量更高的黄铜，这些黄铜可以通过购买铸锭从欧洲大陆进口。当然，为了方便获得这些进口材料，铸造厂需要建在港口附近。因此，需要用这些材料进行铸造的工匠，自然就在城市中心开店。

这正是我们在里贝、考邦（Kaupang）、比尔卡（Birka）和赫迪比（Hedeby）遗址的考古发掘中发现的情况：铸造废料、残缺的坩埚、模具和铸锭。从相对简陋的铸造作坊中可以看出，维京时代的工匠们似乎是大规模地生产胸针、吊坠和护身符，使用的是系列化的脱蜡铸造工艺（图2-1）。在里贝，珠子作坊也采用类似的生产模式，进口的玻璃碎片和地中海镶嵌制品是十分重要的原材料，即使在维京时代开始之前，梳子作坊获取进口鹿角也是一个问题。

尽管这种技术在世界其他地方已经使用了数千年，但在维京时代的斯堪的纳维亚半岛，它还是很有创新性的，而且具有巨大的潜力。少数能够获得合适材料和设备的工匠不仅能生产出大量物品，还能使用铅模型将胸针的形状印在模具上，这意味着他们能对铸造的细节和设计进行调整。事实证明，这种创造空间对考古学家帮助极大。里贝和比尔卡生产的珠宝也体现了类似的技术发展，表明北

图2-1　一枚来自瑞典西诺尔兰的彼得森"P37"型胸针。这种胸针广泛流行于斯堪的纳维亚半岛。照片：瑞典国家历史博物馆（Statens Historisk Museet），根据CC授权

部和波罗的海地区的工匠们彼此之间有一定接触和交流。同时，这两处遗址还展示了截然不同的装饰样式。看起来，尽管里贝和比尔卡的工匠们保持着定期的密切交流，但他们基本上都是在自己的城市扎根，制作的物品迎合当地时尚。事实上，这种交流可能对他们的工作至关重要，这不仅能帮助他们获取原材料，还能使他们与使用其他原材料和制作不同产品的工匠密切交流。彼得森（pedersen）指出，考邦的铜合金工人也在用铅制作护身符和坐骑。或许他们在原材料和制作技术上有过合作？中世纪后期，挪威城镇特隆赫姆（Trondheim）、卑尔根（Bergen）和奥斯陆（Oslo）的"梳子工厂"依赖于大量铜合金铆钉以及装饰性铜合金板和链条的供应。这些部件似乎不太可能是他们自己制造的，一定存在某种形式的合作。人

们越是考虑技术流程的细节，就越能清楚地看到社区和沟通的重要性。这再次证明了技术是人工制品的一个独立元素，而不是形态或装饰的辅助部分的价值。

作为交流场所，这些大型城市人潮涌动，发挥着核心作用。如里贝、考邦和杜里斯特（Dorestad）等生产性中心的出现，将生产者、贸易商和消费者聚集在一起，催生了技术转让、创新和转型的机会。后来维京人城镇的主题部分最引人注目的是都柏林，那里有二百多座城镇，这让我们对城市手工艺品加工社区的运作有了进一步的了解。这些骨头、石板和木头上的装饰性雕刻作品排列有序，具有不同程度的对称性和艺术性。它们的功能尚不清楚，但它们可能在设计实践或规划中起了一定作用。这些物体的制造材料可能包括但不一定限于有色金属。杰西卡·麦格劳（Jessica McGraw）指出，斯堪的纳维亚艺术和岛屿艺术（insular art）同时出现了一些元素，并将其解释为工匠们在这些地方工作但不局限于此的佐证。因此，它们成为类似于跨文化交流的书面记录。

然而，尽管有这样的技术交流和发展背景，有些物品的生产过程仍然非常保守。即使在中世纪晚期，铜合金加工的基本技术也几乎没有发生重大变化的迹象，脱蜡法仍然是主要的铸造方法（尽管在中世纪末期之前，砂型铸造可能偶尔会被采用）。尽管如此，产品的范围似乎已经扩大到不同阶层的家庭用品，上至贵族阶级，下至底层百姓。类似的趋势在其他便宜金属加工中也很明显。在中世纪早期的英格兰，铅合金首饰的制造是一项重要的工艺，而在斯堪的纳维亚半岛，铅首饰的重要性正变得越来越明显。

到了中世纪晚期，在英格兰，非合金铅主要用于建筑施工和非便携式物品的生产。然而，英国高地的锡供应意味着用锡铅合金制造玩具和小饰品的生产本身就成了一个重要产业。考虑到生产的物品——圣杯、圣餐碟等——都是为了在教会环境中使用，因此修道院可能重视此类生产。但到了 14 世纪，需求的变化似乎让它成为一种城市工艺，教堂盘子、家庭餐具和朝圣徽章等物品出现在各类市场。此外，到了中世纪末，锡铅制品开始大规模出口。由于这种工艺的基本要求相当低——铅合金熔点低，因此可以在鹿角模具乃至木质模具中进行铸造，也可以在铜合金、石头或陶瓷材料的模具中铸造——但要消除铸造时的火花则需要费些时间。水壶和酒壶等物品的精加工必须使用车床，而其他物品似乎是通过将较小的部件焊接在一起制造的。这样看来，拥有锡的特权，加上物品与教会的密切联系，似乎在某种程度上解释了铅与铅合金加工在英格兰的特殊发展轨迹。原本几乎没有铸造价值的材料通过合金化被用于生产各类不同场合的物品，其中许多物品因能在特定社会环境中使用，在海外大受欢迎。同样，技术与物质网络或社会背景密不可分，城市的发展和大规模人口流动似乎共同推动了技术的连通与交流。这是通过多种机制实现的。首先，城市化推动了技术变革，然后通过让消费者更清楚地了解自己可能拥有的商品种类来增加需求。与此同时，技术创新和更稳定的资源网络促进了大规模生产，降低了成本，并最终使城市工业产品能够被更广泛的潜在消费者所使用。

技术革命

罗宾·弗莱明（Robin Fleming）最近对罗马时期英国经济崩溃后的几年里陶瓷行业的一系列变化进行了综述。有人认为，某些陶瓷工艺在罗马撤离后的一段时间内仍然存在，尽管相当独特，但菲茨帕特里克－马修斯（Fitzpatrick-Mathews）和弗莱明已经找出了5世纪和6世纪英国低地陶瓷的一些独特特征，包括5世纪时对"中世纪早期"和"罗马晚期"陶器的同期使用；手工制作的罗马时期不列颠风格的仿制品和用"罗马"材料制作的盎格鲁－撒克逊风格的器皿；还有名字非常有趣的奇形怪状的罐子，这些陶瓷似乎都参考了罗马瓷器，但又不完全符合大众的认知。菲茨帕特里克－马修斯和弗莱明对这些现象的解释与本文概述的理论模型相吻合：5世纪和6世纪的文物收藏不仅反映了罗马统治的终结或移民的影响，而且讲述了人在迅速变化的环境中维护和发展技术的努力，甚至是创新的故事，这种环境的特点是基础设施失灵、供应网络脱节、劳动力技能低下。

在盎格鲁－撒克逊人定居后的几个世纪里，英格兰某些地区（特别是英国南部，但不限于此），人们低温烧制、手制而成而且在当地销售的器皿都是用一些相对柔软易碎的材料制成的。这些陶器通常在简易烧窑或篝火中烧制，通常是用粗糙的砂质材料制成的简单罐子，再用草、谷壳或其他有机材料调和而成。毫无疑问，它改善了黏土的性能，也可能缓冲了热冲击对器皿的影响，同时使器皿更轻，相对便携。另一方面，有人认为这种有机调制的器皿甚至经受不住烧开水所需的温度。如杰维斯（Jervis）指出的那样，随意贬低这种材料质量差或不实用，是不对的；显然这种材料充分发挥了自己的作用，同时应将其放到它所处的特殊技术背景下讨论，这个特殊技术背景被认为是后罗马时代工业基础设施重新调整的产物。杰维斯还指出，这种材料在盎格鲁－撒克逊人定居后的几年达到全盛时期，因此不能简单地将其作为民族行为来解释。更确切地说，最好将它的独特性看作特定技术环境下的产物。杰维斯认为，其在西南地区的集中分布表明，这种陶瓷产品源于为悠久的盐生产传统而生产的容器。然而，采用这项技术的原因需要继续分析，杰维斯用行动者网络理论解释了这一点：这些器皿在地处边缘、自给自足的群落使用，而且方便携带、易于制造，非常适合当地人的生活方式。这个案例研究表明，我们可以从社会角度来思考技术变革，从而更好地构建技术变革的框架。形式和功能需要置于其所处的社会背景中进行研究，但这还不足以解释陶瓷技术的广泛变革是为了制造出更好的陶器；相反，我们必须从改变人类生活方式、需求和品位的角度来看待这种创新的影响。

除了分布广泛、质量相对较高的伊普斯维奇陶器（Ipswich ware）外，这些有机调制的陶器还被手工抛制、砂质和贝壳材质的陶器所取代，如马克西式陶器（Maxey-type wares）。这些形状不规则、夹烧而成的陶器数量有限（主要是袋状和桶状的罐子，通常配有吊耳），似乎是多用途烹饪容器，能悬挂在炉子上方，更方便加热。类似形状的陶器在一系列区域都出现过，说明随着农村聚落的日益稳定和新的原始城市中心的出现，物品的使用环境趋于相似。

这是9世纪末的情况，当时陶瓷生产经历了一场革命，至少在英格兰北部和东部是这样。斯堪的纳维亚人定居区［后来被称为丹法区（Danelaw）[1]］似乎一直集中在这里，这里有许多新的陶瓷行业，他们生产的器皿在英格兰很少见。除了伊普斯维奇陶器那松松

---

1 丹法区：指中世纪英格兰实行丹麦法律及惯例的地区。—— 译者注

垮垮的直边罐子似乎是用陶轮制作的之外，中世纪英国就没有这种标准化、高温烧制、陶轮制作陶器的先例。这些器皿样式独特，比以往大小不一的陶制罐子、盘子、碗和水罐更大，生产也更加系统化。此外，尽管每个行业都有相当广泛的影响范围，但它们往往都来自已知的斯堪的纳维亚定居区：斯坦福德（Stamford）、林肯（Lincoln）和托克西（Torksey）等。

这种生产模式有外来工业的影子，是由斯堪的纳维亚定居者带入的，以满足自己的特殊需求。虽然斯堪的纳维亚社会没有陶瓷的特征被夸大了，但很显然，在斯堪的纳维亚半岛南部，人们并不知道制陶工业（本章开头提及的短期存在的里贝除外）。在盎格鲁－斯堪的纳维亚地区发现的器皿看起来更像是来自欧洲大陆，很可能是来自诺曼底地区。尽管如此，试图将9世纪末英格兰新产业归因于同法兰克之间的长期联系（而非与斯堪的纳维亚的新产业相联系），从时间顺序上看并不可信。最有可能的情况似乎是法兰克陶工跟随维京大军来到英国低地，因为维京大军似乎在公元865年抵达东安格利亚（East Anglia），而在此之前，维京大军一直在欧洲大陆作战。尚不清楚陶工是军队内部的活跃成员、机会主义者、自由工匠还是奴隶，但在盎格鲁－斯堪的纳维亚时代的英格兰，技术的变革非常显著，这些变化也说明了这个行业的动态。人们通常认为陶瓷生产是静态的、功能性的，但盎格鲁－斯堪的纳维亚的变革表明，陶瓷制造是一个充满活力的行业，可能需要工匠跨越遥远的距离进行合作，工匠们甚至能在相当不稳定和在某种意义上说是有限的环境中推动变革。

目前这些新样式陶瓷出现的意义尚未可知，盎格鲁－斯堪的纳维亚器皿的独特样式是为了适应斯堪的纳维亚定居者所熟悉的烹饪技术，还是为了适应大都会中心新出现的烹饪和饮食方式？这些器皿是在饮食世界里扮演了重要的视觉和体验角色，还是仅仅反映了不同的审美品位呢？这种品位与整个北欧地区的餐具和区域美食分布有何关系？正在进行的研究将从设计、预期功能和最终用途来探明这些问题。显然，有必要将技术变化的原因置于其社会背景中而不仅仅是经济背景中进行研究。

诺曼征服后，陶瓷行业的发展更为复杂，而且区域发展各不相同，在此没有足够的篇幅进行详细探讨。但很显然，英格兰城镇的发展、城镇内部发生的变化、城镇与英格兰乡村和海外港口的联系以及在这些环境中生产的陶瓷制品的性质之间存在着明显的关系。至少从诺曼征服时期起，轮制陶器就在城镇中占主导地位，而手工陶器继续在农村地区生产，偶尔也会在城镇中流行一阵，甚至到了13世纪，仍有一些地方生产手工陶器。事实上，我们肯定不能用平稳、不受阻碍来描述诺曼征服后的陶瓷行业发展。例如，据税收和其他文献记录，陶工的经济地位似乎在11世纪到中世纪末期大幅下降，值得注意的是，这一职业从未被正式纳入过行会组织。中世纪晚期的城市陶工似乎很贫穷，而农村的陶工也只是兼职工作，仅仅是农村劳动力工作中的一部分。没有证据表明，陶器制造是靠任何形式的学徒制度来维系的，可能是家庭制造，而这是在区域稳定和多代人生活稳定的背景下陶艺发展所带来的意外结果。

与北欧的许多方面一样，英国陶瓷业似乎在14世纪末到15世纪中叶经历了某种转型。生产规模似乎有所增加，但这不单单是城市工作坊生产效率提高的结果。相反，我们发现陶瓷业生产基地数量增加、区域水平差异扩大、形式多样性增加。与此同时，生产重点也从粗糙的厨具转向了精致的餐具。发生这种转变的原因有很多，所有解释都有必要将陶瓷置于城市工业和烹饪餐饮等更广泛的背景中。人们认为这种转变是对金属餐具的模仿，或是因为金属厨具的普及，抑或是陶工与木工的竞争。还有些观点认为，这是日益富裕的城市中产阶级消费者对精美餐具的需求不断增长带来的结果。相反，一些学者注意到，农村作坊或是在城镇附近工作的陶艺家群体增加了陶器产量，这吸引了商人，他们可以保证广销陶器以换取相对同质化的产品。康伯帕奇（Cumberpatch）提出，中世纪末期前后发生了一些更为根本性的变化，即新的社会秩序的到来。

陶瓷还让我们有机会探索远距离技术交流，以及这种交流与贸易方式和消费者选择之间的关系。政治、人口流动和技术之间的长期关系清楚地体现在中世纪晚期釉面陶瓷的生产中，尽管一些进口商品价格多变，有时价格相对高昂，但这些釉面陶瓷作为能够接触到的外来商品仍受到北欧富有消费者的追捧。中东熔块胎陶（Fritware）就是这一现象的早期例证，熔块胎陶是一种碱性釉面装饰陶瓷，在北欧被偶然发现，这种陶器似乎有各种用途。熔块胎陶最初是在11世纪的埃及发展起来，起源于中国和中东之间军事动荡和人口流动的时期。得益于长途旅行（包括与圣地十字军东征有关的征途），熔块胎陶很快就分布到了广大地区，甚至到达了北欧。例如，中世纪晚期，在伦敦芬乔奇街（Fenchurch Street）的种植园广场（Plantation Place）发现了八件熔块胎陶物品，还有叙利亚、土耳其和欧洲大陆的陶瓷，以及伊斯兰与威尼斯风格的玻璃器皿。这些物品可能与归来的旅行者或外国商人和医生有关（由考古人员提出的）。但在随后的几个世纪中，北欧出现了大量采用独特技术生产的进口陶瓷。尤其值得一提的是，人们可能会注意到15世纪和16世纪时流行的马略卡陶器（majolica）。这种锡釉陶器的表面能进行彩绘装饰，这项技术似乎首先在伊比利亚半岛发展起来，然后传播到意大利。北欧陶器通常没有装饰，颜色也不太鲜艳，所以这种马略卡陶器在北欧非常受欢迎。后来，为了满足中产阶级的需求，低地国家、法国和英格兰也开始生产这种陶器。

事实上，在许多情况下，英国消费者为进口釉面陶瓷提供了市场。这一现象表明人们对具有异国科技美学的产品感兴趣，但同时也说明，人们对物品间的意义关联、制造它们的技术细节和它们出现的社会背景关注相对较少。所以可以运用相似的陶瓷技术或者通过模仿来满足消费者对异国美学的需求。这是个重要提醒，虽然考古学家可以通过分析技术程序得知最初的细节，从而改变我们对特定技术变化和影响的理解，但关于古代对器物传记的理解方式，它们不一定能提供直接的信息。

因此，我们看到了陶瓷技术是如何反映社会、经济和政治变革的。显然，不能将工艺发生复杂转换简单地归因于陶工对时尚的想法不断变化，而是需要考虑一个更加完整、更加能够反映工艺的场景，各种物质、社会和经济的"行为体"都是这个场景中的一部分。如果以这种方式解读，一千年来陶器的种类发展不应仅仅被视为技术进步的结果或是经济刺激的结果，还应被视为在时间和空间内发生的复杂社会活动的参与者，这让产品及其易用性发生了翻天覆地的变化。

技术与身份

显然，技术应当放在特定的背景下去理解，特定的技术必须置于其所处的社会、经济和政治环境中看待。我们来看另一个这样的例子，中世纪早期的纺织业问题——纺织业与城镇化和城市地貌、社会等级及女性参与社会工作有着千丝万缕的联系。

从中世纪早期开始，纺织业在农村地区广泛开展。在斯堪的纳维亚半岛和北海沿岸地区，农村房屋以密集的坑屋（Pit houses，或下沉式建筑sunken-featured buildings）为特色。它们的用途已经引起广泛讨论，但鉴于织机的重量和其他工具一直存在，所以现在看来，这些坑屋主要用于纺织制造，这一点毋庸置疑。

近年来，人们一直试图描述在这些建筑中发生的活动，并思考这些活动可能促进社会秩序的方式。例如，纺织工作在很大程度上与农耕和农村生活联系在一起，这让我们有机会从任务景观的角度思考纺织工艺。凯伦·米莱克（Karen Milek）则更进一步将坑屋的空间视为一个明确的政治空间。

在对冰岛坑屋进行仔细、多维度研究的过程中，米莱克展示了坑屋在纺织业中是如何与它们在北欧被认为的功能相呼应的。她认为，这并没有使坑屋成为世俗的功能空间，而是使坑屋充满意识形态上的活力，同时具有高度的性别特征。考虑到坑屋的内部结构、织机的可能尺寸及文献记载，我们可以确定中世纪早期的纺织工作主要是由妇女承担，但有各种身份，而且这是一种集体活动。这让米莱克重新想象在织机上工作的场景。所以，虽然人们早就知道纺织业是女性的职业，但米莱克已经开始探索纺织业的工作状态及其社会意义。同样，技术的社会环境是其运作和发展的关键。

到了维京时代，纺织品已显示出高度的专业化，并用同样专业的工具进行生产。纺织是使用重锤织机（warp-weighted loom）来进行的，陆续发现的织机砝码可以证明这一点。由此，纺织工艺似乎是以过剩生产（surplus production），即大规模工业化生产为核心理念组织起来的。然而在英国，许多纺织生产仍然算不上大规模工业生产，只能被定性为"家庭作坊式生产"。丽斯·本德·约根森（Lise Bender Jørgensen）指出，这是特定材料、纺纱技术和纺织风格的结合生产出有限的独特纺织品。

然而，对北欧纺织品和纺织工具进行对比分析后，最让我们惊讶的是织物具有相似性，这可能意味着某些纺织复制或遵循了同一种模板或样式。但是，当我们分别比较盎格鲁－撒克逊的工具和斯堪的纳维亚半岛的梭子后发现，纺织技术有明显差异。例如，斯堪的纳维亚式锭盘（spindle whorls）似乎从未在盎格鲁－撒克逊英格兰找到一席之地。这也许给了我们定居者人口构成的一些重要信息：在9世纪到11世纪的这段时间里，是否只有少数斯堪的纳维亚妇女定居在英格兰？至少从从业人员之间的个人接触程度来看，英格兰和斯堪的纳维亚半岛的纺织业的关系似乎仍然相对疏远；产品的任何相似之处都可能是复制了某种纺织品或模板。这些手工艺圈子彼此之间有接触，但可能与其他更具流动性行业（如梳子制造商或传统的流动铁匠和小贩）的生产方式截然不同。

但有趣的是，这些发现与近期对另一种便携材料文化的分析不一致，其结果也来源于对技术的仔细分析。简·克肖（Jane Kershaw）对维京时代英格兰女性胸针进行了金属探测分析，利用技术元素（主要是别针装置）来区分真正的斯堪的纳维亚胸针和"盎格鲁-斯堪的纳维亚"的仿制品和混合产品。她的研究结果令人惊讶：大量胸针实际上是在斯堪的纳维亚半岛制造的，而且它们很可能别在女性衣服上并与其一起抵达英国低地。这表明女性正在大量迁移。人们不禁要问，为什么这些结果与我们从纺织工具上看到的结果有如此大的差异。纺织业的性质可以说不适合转移，但它肯定有更多其他的特点。也许不同的生产环境之间的鸿沟太大，无法跨越。或者，在农村的斯堪的纳维亚移民（尤其是斯堪的纳维亚女性移民）数量比在城镇的多。我们还需要进行更多的研究，但有趣的是，移民和文化交流的故事可以通过技术上的细微差异而知，特别是考虑到我们在这类研究中通常关注的焦点是物品形式和装饰。

这些故事与日用纺织品的家庭生产有关，但当人们考虑进口和交换异国面料时，情况就不同了。有充分的考古和文献证据表明，到了维京时代，丝绸已经流行到了其发源地和亚洲以外的地方。事实上，在欧洲大部分地区，丝绸不仅在精英阶层的服饰中很受欢迎，而且在逝者的服装和遗物的包装中也很常见。

到了10世纪和11世纪，某些劣质丝绸在北欧和西欧变得更为普遍，甚至当布料运到英格兰和爱尔兰的城镇之后，被宣传成是国产产品。因此，人们都想要丝绸，但根据地位和财富的不同，人们会以不同的方式使用不同质量的丝绸。丝绸具有广泛吸引力当然不仅因其物理和美学特性，还因其让人产生的联想——这是一种在遥远国度使用陌生技术生产的物品。

更宽泛地说，纺织业中值得注意的一个现象是，该行业一方面长期保守，另一方面又具有明显的灵活性。家庭层面的生产似乎在社会转型的主要时期持续，如斯堪的纳维亚定居者的到来、城市化和诺曼征服时期等。尽管纺织仍然是一种严格围绕性别和家庭开展的活动，但城市化也增强了特定中心生产的集约化。因此，纺织生产是中世纪工艺多面性的一个例子，它利用了在特定环境中工作的不同个体的劳动和知识。

在中世纪后期，这些人和环境开始改变，因为人们对纺织工业的性别联想似乎已经颠覆。到了中世纪末，在英格兰和低地国家的较大城镇中，有组织的纺织已成为一个主要行业，由行会管理，主要由男性承担工作，使用水平式踏板织机（horizontal treadle looms）能比重锤织机更高效地织出尺寸更大、更精细的纺织品。

然而，英格维尔德·欧一（Ingvild Øye）仔细分析各种证据后表明，事实上，发生变化的时间有长有短，速度有快有慢，而且我们应该试着将女性的参与和新技术的影响分开来看。此外，斯坦德利（Standley）认为女性越来越多地进入了纺织业中，家庭纺织也越来越被公认是一种职业。尽管在当时，家庭纺织还没有行业协会。

诺曼征服后的英格兰，铅合金锭盘（lead-alloy spindle whorls）的供应量不断增加，这不仅说明了纺织厂的需求，也说明了有色金属工人和铅合金金属工人也参与到了纺织行业之中（见上文）。通过使用铸造技术制作带有图案和铭文的锭盘，他们找到了一个可以在另一领域中开发的商机。这种共生或寄生关系在中世纪的欧洲一定很普遍，但目前我们对其知之甚少。

技术与交流

实际上，长期以来，工艺之间的相互作用都在报告中和思维模式中被人为分离，但这种相互作用值得学术界关注。特别值得一提的是，我们需要对工艺技术进行更多的比较分析；一直以来，综合研究将"工艺"视为一个通用概念，但现实中，很多工匠都是单打独斗。现在是详细调查各个工艺品之间相互融合、对比、模仿和媲美方式的时候了。我们需要思考从业者是如何相互影响的，这一相互影响又如何随时间和空间变化，我们要将这些问题置于对社会和经济背景的反思性理解中去思考。

以探索而非论证的方式进行研究，很有价值。由于梳子制造有保存完好的制造业残骸和广为人知的生产链，因此从梳子制造入手，是研究工艺与其他行业相互关系的一个不错选择。但令人震惊的是，人们对梳子制造者工作的规模、性质和组织结构仍有诸多疑问。在研究中，公认的模型往往会被简化或概括，我们需要更细致、更具体的方法。

而且，重点是要注意早期在梳子制作和骨头或鹿角加工方面所做工作的强度，在英格兰尤其如此。麦克格雷戈（MacGregor）证明，在盎格鲁－撒克逊和维京时代的英格兰，鹿角工人主要生产梳子，但他们并非只生产梳子。梳子是一种复杂的物品，其制造需要的专业技术水平远远超过了雕刻别针、棋子、溜冰鞋和纺织工具，其中很多产品是按用户的"需求"制造的。尽管如此，制造梳子的熟练技工似乎仍可以用后颅骨和鹿角生产出一系列更简单的商品。但他们在多大程度上使用了其他材料或与其他工匠合作呢？

有迹象表明，在制造梳子的过程中，制造商至少有能力处理其他材料。首先值得注意的是，梳子制造商的工具箱与木工的工具箱相比最为接近；这两种工艺不仅涉及用斧头对材料进行粗加工和分解，还涉及在精加工前用凿子、刨子和最引人注目的锯来加工材料。

他们的工作条件也类似：需要某种工作台，在制造过程中可以将物体固定在工作台上。这一说法没有直接证据，但如果偶尔发现梳子制造商也在做木工，也就不足为奇了。

相比之下，鹿角工人和铁匠的技能几乎没有重叠，一种是涉及切割和成型的还原性技术，另一种更具附加性，并且依赖于加热、模具制造等设备。同样令人震惊的是，梳子和装饰金属制品的装饰方案和制作方法几乎完全不一样。尽管制作这两种物品都需要冲头等工具，但很明显梳子上几乎没有兽形交错的图案。这不仅仅是原材料供给的问题，石头、木头和骨头当然也可以雕刻得很华丽，斯堪的纳维亚古典艺术风格中的雕塑、家具和主题作品就证明了这一点。但梳子总是有简单的几何装饰，这说明这两组工匠的参考图案非常不同。然而，梳子制造中有一些元素肯定涉及金属加工，即使只是初级加工。盎格鲁－撒克逊和早期维京时代的梳子通常用铁铆钉固定在一起。这些铁铆钉可能是从一个铁匠那里买来的，但除了梳子制造商之外，似乎没有人用它们来组装和固定梳子的各个部件。因此，梳子制造者必须与铁匠有某种形式的工作联系，就像将鹿角作为制作梳子的原材料一样，这也是该工艺的基本要求。当然，有可能是鹿角工人和铁匠作为一条生产线的成员一起工作，但没有直接证据证明这一点。虽然没有必要使用复杂的逻辑，但援引这样的情景要以此为前提。

然而，在后来的维京时代和中世纪的斯堪的纳维亚半岛，情况的确变得更加复杂。许多北欧城镇，如奥斯陆、卑尔根、特隆赫姆（Tronclheim）、石勒苏益格（Schleswig）、隆德（Lund）和锡格图纳（仅举几例）都成为规模空前的梳子生产工厂的所在地。这些工厂经常从北方采购驯鹿鹿角，制作的产品遍布整个北欧，东至俄罗斯，西至格陵兰岛。然而，这些梳子的制造工艺在一个重要方面与它们在第一个千年期的祖先不同，该工艺常使用铜合金而非铁铆钉。此外，材料的使用很成熟。虽然最初铆钉的使用方法与铁制铆钉完全相同（也就是说，以极简、实用的方式使用铆钉，并不考虑对称性和美学），但很快它们就作为基本装饰元素融入物体中。铆钉的间距可以很小，甚至呈两排或三排，从前梳子可能有 7 到 10 个铆钉，现在可能有 20 到 30 个，甚至可以把铆钉排列成十字架等装饰性图案，其排列方式似乎沿用了早期梳子上常见并且功能相同的戒指和圆点图案。

铆钉本身的特性各不相同。有些似乎是由实心的铜合金制成的，也许每一个铆钉都是一根金属丝，被锤入梳子，值得注意的是，在卑尔根和西格图纳的梳子制造车间中发现了可能是拉丝板和用于铆钉成型的工具。X 射线荧光分析表明，有些铆钉可能有一个镀有铜合金的铁芯，而有些铆钉显然是由铜合金薄板组成，经过剪裁和紧密轧制后锤击进梳子里的。要确定进行这些操作的时间和空间，需要进行更多研究。这些梳子中的金属元素的制造与融合似乎很可能发生在作坊内。11 世纪和 12 世纪时，人们在鹿角板上的铜合金薄片上进行镂空雕刻。其他金属元素还有装饰性的铜合金袖口或黏合元件，甚至还有吊链。一些梳子以均匀地染上绿色斑点为特点，这一定是人们有意为之，而不是偶然产生的斑点，并且可能是使用某种形式的铜剂所产生的结果。所有这些都表明，骨骼或鹿角工人和铁匠在专业产品生产方面的合作很紧密。这不是一个完全新颖的发展。带有铜合金连接板的梳子在整个北欧地区分布广泛但不密集，可能是在10世纪的赫德比（Hedeby）生产的，也可能是通过哥特兰（Gotland）流传出来的，但我们对其制造的背景或细节知之甚少。也许跨工艺合作的种子是在早期维京人城镇中播下的，但其潜力只能在第二个千年期城市车间的系列生产中得到有效利用。在这种情况下，跨界合作最终开发了一种全新产品。值得注意的是，这些物品虽然在晚期的北欧随处可见，但从未被诺曼征服后的英格兰所采用。其中部分原因可能是斯堪的纳维亚半岛和北海沿岸的生产环境不同，但这些现象不可能脱离供应链的环境背景或梳子消费和使用的社会背景（见下文）。

技术排斥

正如我们所看到的，技术发展是社会偶然性的和非线性的，依赖于社区在需求、欲望和获取材料方面的变化，以及专家的流动性和专业中心的发展。创新性的连续发展不是必然的。重要且发展良好的陶器工业似乎未能在北欧海盗时代的城镇找到安身之处。如我们所见，这与英格兰北部和东部的盎格鲁－斯堪的纳维亚城镇所遇到的情况形成了鲜明对比。欧洲其他地区正与创新技术隔绝，像里贝这样的生产中心并不是这种情况，但这些短暂存在的作坊所生产的产品（比如在里贝的大陆制陶厂的产品）并没有广泛分布。这些陶器可能在国际大都会中使用，但无论如何，它们并没有被整个地区的民众所接受。

这种选择性采用和拒绝技术的做法实际上相当常见。在国际范围内，索仁·辛德巴克（Søren Sindbæk）确信，缺少证据证明10世纪前波罗的海的沃林镇（Wolin）存在长途贸易。没有证据表明有石材或玻璃珠流入，也没有证据表明斯拉夫陶瓷（Slavic ceramics）流出，鉴于沃林的地形和社会背景，这不可能是由于缺乏进入海上市场的渠道所导致的。相反，辛德巴克认为，这种模式反映了一种基于"独立意识形态"的慎重选择，再加上一个相对平等的社会，而这种变化最终是在权力结构变化和国家形成之初发生的。这种能动性的潜力不仅体现在接受或拒绝接触市场和进口产品，还体现在技术发明和创新上。

反过来想，拒绝某些形式的技术似乎相当简单。例如，英格兰之所以没有斯堪的纳维亚的铁制设备，如"摇铃"（可能被用于驾驶马拉的雪橇）和被称为"凯尔特人（celts）"的鹤嘴锄，很大程度上是其环境条件和农业制度不同的结果。虽然中世纪早期的爱尔兰相对较晚地采用了先进的锻造技术，如仿造焊接法（pattern Welding），但这并不是因为对其产品一无所知，这可能与其对必要技术不熟悉有关。其他缺失则不那么容易理解，例如，为什么12世纪至14世纪期间，在欧洲大陆上如此常见的长齿梳子，在英国却从未出现过？它们在低地国家很有代表性，我们知道这些国家的城镇与英国港口保持着密切的联系，尤其是通过羊毛贸易，但这种特殊物品显然被认为不适合在英格兰使用。为什么在11至13世纪斯堪的纳维亚半岛及其殖民地如此流行的铜合金铆接发夹从未在英国站稳脚跟？从更宏观的角度来看：为什么纪念铜器在14世纪和15世纪的英格兰北部没有被广泛采用，而它们在英格兰南部却如此普及？正如有人所说，这不可能仅是一个相对繁荣和获得资源的简单问题。因为北方许多贵族似乎都是用刻有花纹的石头纪念的。这必然是一个地方或地区认同的问题。这种传统力量强大，往往抗拒变革或外部影响。

结语

近年来，中世纪技术的相关研究取得了重大进展。我们已经发现，技术通过其对政治和等级制度的影响及其作为经济驱动力的潜力来改变社会，而研究技术可以作为在一定范围内理解社会变化的方式。我们还发现，技术分析有助于深入了解人物身份的本质，其中重点是性别和地位，而且手工艺也是了解商业、城市和民族身份构建的一个重要窗口。一个特定的潜在领域是对工匠之间重叠和交叉关系的综合理解，这个问题迄今为止几乎没有研究过。此前，由于地层分辨率较低，无法使用新的"高清"挖掘和分析方法，因此在这方面仍有相当大的潜力。最后，我们回到陶工和他们在里贝的短暂经营，我们已经看到，地方或地区缺乏对创新的参与并不总是意味着无知，但同样可能是由于技术不相关、社会不相容，或是意识形态、经济或政治原因而主动拒绝的结果。

尽管中世纪技术的研究是一个充满活力和不断发展的领域，但读者会注意到，这方面的大部分工作只是由少数研究人员参与进行的，还有更广泛参与的空间。早在2000年，希拉（Sillar）和泰特（Tite）就将社会建构主义作为一个框架，在这个框架内，材料科学家和考古学家可以以理论上知情的方式进行合作，以解决该学科面临的重大社会和经济问题。理论基础现在已经得到了很好的检验，考古学现在提供了比近期任何时候都要多的未开发潜力。我们现在可以常规地利用考古科学来提出关于人工材料的重大问题，现在时机已经成熟，是时候明确开始进行更多项目了。

从物质文化的角度来看，现在需要的是对各种工艺生产的材料进行系统的比较调查，包括对其人工产出和它们的废品、副产品和半成品进行调查。这样的调查可以确定波罗的海和北海周边及地中海以外地区的农村和城市在知识和经济方面的相互关联程度。

有积极的迹象表明，这种情况正在发生。特别是，人们可能会注意到，持续关注"困难"材料的做法正在奏效。我们讨论中的一个重大空白是涉及皮鞋和毛皮等易腐烂的有机产品的生产证据。虽然纺织业由一系列相对高效且常用的制造设备[例如纺锤轮、织机砝码和打纬器（weaving swords）]协助发展，但零星存在的皮革与皮毛产品并没有相应技术设备的支持。例如，人们对皮草贸易的认识很大程度上依赖于动物考古证据。因此，虽然来自比尔卡的动物骨骼为半加工毛皮的运输或加工提供了重要证据，但在当代城镇的考古中，类似的迹象不太常见，即使在毛皮贸易的识别证据被积极强调为研究重点的地方也是如此。然而，研究者已经从新的角度对以动物为中心的其他手工艺领域进行了初步探索。将稳定同位素分析应用于中世纪纺织品的考古研究中，在跟踪特定手工制品和原材料的移动方面显示出一些前景，被称为"ZooMS"的蛋白质组学技术[质谱动物考古学（zooarchaelolgy）]在研究骨制品和废物的物种形成方面取得了相当大的成功。这在解决斯堪的纳维亚半岛和北大西洋的原材料供应方面取得了进展，也显示了高分辨率分析皮革和羊皮纸的潜力，这或许可以解决毛皮和皮等有机产品因埋葬易腐的问题。

最近关于滑石（steatite）和皂石（soapstone）的提取、加工和使用的研究利用了快速发展的分析技术和新颖的理论视角，揭示了其有待开发的潜力。最令人兴奋的是，研究人员已经开始更多地思考参与该工艺的人员身份。例如，他们指出，维京时代的滑石生产可能是一种多民族活动，其中萨米人（Saami）参与的较多。虽然这种可能性的影响仍有待充分考虑，但利用化学技术勘探滑石的艰巨任务仍在取得进展，形态学分析及形态、功能和时尚之间的关系也取得了一些重要进展。

对中世纪技术的研究可能还有发展空间的另一个领域，那就是实验考古学的应用。通过对照实验、仔细观察和分析技术（如微磨损、痕迹学）及应用理论框架，史前学家在这一领域取得了巨大进步。这些发展不仅阐明了隐藏在一系列精心研究的材料背后的技术，而且也改变了我们对物质文化社会背景的理解。正如我们所看到的，中世纪学者在某种程度上往往落后于史前早期研究先锋。虽然重要的研究工作正在进行（尤其是都柏林大学学院实验考古学和材料文化中心），但这项研究的影响尚未渗透到主流考古学辩论中。这显然是一个有待进一步研究的领域，前提是在考虑到其明确定义问题的情况下进行研究——这些问题既有理论依据，也与中世纪考古学当前的争论有关。

如果将此篇综述归结为一个单一的发现，那就是迄今为止的研究似乎表明，我们在梳子制作和纺织品制造等工艺中看到的原材料、工作实践和美学方面的表面差异是由更深层次的差异所造成的。这些差异与参与生产的工匠的社会地位、性别和个人流动性等现象有关。因此，如果我们要了解整个贸易和工艺生产的运作，就需要关注这些人。我们可以通过已确定身份的人的遗骸来实现这一点。考古学界如今已开始将真实个体与特定工艺联系起来，对在人类牙齿上发现的牙石进行的显微镜和生物分子的分析表明，牙石能够捕获摄入的环境颗粒和残留的纤维，如果有合适的参考材料，这可能有助于我们识别织布工、骨工和金属铸造工。虽然这些研究相对较少，但历史证明，这些研究的潜力是巨大的。

我们要做的研究还有很多。然而，人工制品及其相关的生产废料代表着一个丰富且相对未开发的技术（因此也是社会信息库）。如果我们有勇气进行大规模和细粒度的比较分析，并利用跨学科合作积极参与结构考古学、环境考古学和人类骨骼研究，我们将对社会经济结构、日常生活节奏和人们沟通及建立社区的方式有更为丰富的了解。

第三章

经济器物

中世纪欧洲的经济物品

德莱斯·泰斯　彼得杨·德克斯

交易是整个人类社会活动的重要组成部分之一。人与人之间的交易可能涉及非物质性的东西，如劳动或社会关系等，但也包括物质性的东西。一直以来，人们每天都在进行物品交换，有常见的、稀有的，普通的、名贵的。这些交换说明每件物品在易手时必须有价值。当然，这些价值通常由生产、供给和需求等基本经济因素决定，但同时也由交换时的社会条件决定。从物品本身来看，价值可能会改变，可能是因为物品在交易时发生了物理改变，也可能是因为它获得了超越自身物质特征的价值。

　　在本章中，我们将探讨西欧中世纪考古学是如何研究这些价值的。我们研究物品在这些不同形式的经济组织中扮演什么角色，物品是如何获得其价值的，以及这些价值是如何在不同的环境中得到体现的。中世纪的经济物品承载着与生产、社会价值、消费和消费主义发展等不同层次的信息，它们是更大集合的组成部分。我们探讨物品如何获得经济价值（即物品易手所需的对等价值），以及如何与其他形式的社会价值相结合，形成各种器物的传记（Object biographies）。我们将从物品的角度解释过往的经济问题。

考古学中的年表术语"中世纪"一般指大约公元5世纪至15或16世纪，但正如本卷导言所述，对中世纪时期的定义存在很大的地区差异。在斯堪的纳维亚半岛，从5世纪到10世纪左右的这段时期被认为是史前时代的一部分，而其他地区则将后罗马时代到现代早期这段时间定义为中世纪。本章中，我们将中世纪考古学定义为对5世纪至16世纪前后的前现代社会物质世界的研究。人们普遍认为，中世纪经济停滞不前，但与这个看法不同甚至矛盾的是，公元500年至公元1500年这段时期发生了一系列重要的社会经济变化，从将商品交换视为至关重要因素的后罗马经济，发展到了出现商品剩余的封建经济。然而，越来越多的人从考古学的角度重新思考这些变化过程，认为这种变化更加复杂。例如，封建经济发展不一定会对城市市场发展产生负面影响。

长期以来，考古研究和解释一直受制于考古发现和书面资料。考古发现和书面资料使我们认识到大庄园和大土地所有权出现（所谓的"庄园化"）的重要性，它是7世纪末和8世纪社会贵族化程度不断上升的标志。然而，没有书面资料的指导，考古学家就无法将这一历史模式与任何形式的物质文化联系起来，比如聚落特征或珍贵文物。在考古现场挖掘出的7世纪末的精美奢侈品让人眼前一亮。但实际上，我们不可能自动将这些物品归于书面资料中所提到的精英阶层。从5世纪至7世纪初，大多数奢侈品属于"普通"农民，历史分类法对这样一类农民的定义是，缺乏剩余价值的获取和与上层社会做买卖的机会，拥有一定财富的农村富人。

因此，为了继续讨论关于经济物品的考古发现和书面资料之间的关系与平衡，我们必须牢记，在处理实际信息时要考虑到考古数据的形成过程。我们要在资料中找到平衡，如中世纪早期在坟墓里存放的奢侈品，在市场交易中意外丢失的硬币，还有描述经济物品和相关信息的书面文件，这些东西从中世纪晚期开始以财产目录和遗嘱的形式出现。但在理解相关物品的信息方面，所能查阅的书面资料仍然有限，因此我们无法对技术进行定性分析，也不便于理解工艺的价值及技术转让、创新和消费者需求等相关理念。能对这些作出评估的只有考古学研究，但它自身也有局限性。对12世纪以前低地国家的工艺品生产进行的评估表明，其对理解消费模式甚至贸易是有价值且可靠的，了解到这一点后，我们不难看出考古数据库的局限性。一方面，考古学可以肯定地识别出不会出现在任何书面资料中的工匠作品，但另一方面，幸存下来的工艺品历史信息虽然有用，但往往与考古数据不符。陶器是研究中世纪的主要物品，尽管它具有丰富的社会意义，但由于它具有财富价值的时间太过"短暂"，所以我们从未在中世纪的财产目录清单中见过它。陶器生产商的地位很低，因此没有对于其行会的书面记录；相反，对纺织业行会的书面记录却很多，例如我们可以从历史资料中发现，根特（Ghent）的织布工和漂洗工在整个中世纪晚期都参与了城市治理。

　　这给我们研究人们对中世纪晚期低地国家纺织业存在的偏见提供了一个鲜明的例子。在低地国家，编织和生产纺织品（主要是布料和亚麻布）具有重要经济意义。中世纪的纺织工业城镇布鲁日（Bruges）、伊普尔（Ypres）和根特，是除巴黎以外阿尔卑斯山以北城市人口最多的城镇。举世闻名的钟楼（belfries）和市政厅

（guildhalls）是这些城市居民经济成功和政治自治的象征。然而，对于在历史著作和历史研究中有丰富记载的中世纪纺织业，其实际考古资料却少之又少，甚至少到让人无法证明这个行业在当时真实存在过。纺织品等有机材料的留存概率微乎其微，除非在水下或特殊条件下保存，而只有当纺织品被收入并保存在教堂、宝库的藏品中时，才会有这样的条件。一个引人注目的例子是勃艮第战利品（Burgunder Beute）[1]，其中包括1477年从勃艮第公爵（Duke of Burgundy）手中缴获并存放在伯尔尼（Bern）金库中的15世纪宫廷的高级纺织品。从这些纺织品的实际生产和制作技术角度来看，我们所能找到的考古资料更加稀少，只有少数被发现的布纹印章能够证明其存在，但这些证据又常常没有相应的考古资料支撑。在著名的伊普尔纺织中心，我们只找到一个织机踏板，它奇迹般地在沟渠中被保存了下来，它是这一辉煌行业曾经存在过的标志（图3-1）。不过，从中世纪晚期厕所里发现的绵羊寄生虫，能够证明在伊普尔纺织品加工的实际生产过程中，人们会用到羊毛，并且在结束工作之后没有洗手就吃饭了。

简而言之，虽然中世纪手工业和工业的物质遗存信息与书面资料中的记载不同，但后者仍然可以作为解释考古发现的背景信息。中世纪的文献和文物都是同一历史时期社会的产物，不过它们可以记录同一现象的不同方面。因此，中世纪考古学所研究的文物，从服装配饰这样的小物件到炊具乃至地形地貌，都不是单纯的历史反

---

1 勃艮第战利品：在1476年发生的格朗松战役中，瑞士人从勃艮第收获的战利品。——译者注

图3-1 中世纪晚期一位伊普尔（比利时伊普尔）织布工的织布机踏板。版权：弗兰德斯遗产代理处（Agentschap Onroerend Erfgoed-Vlaanderen）

映，我们只有综合来研究，才能真正理解这些物质文化和现象。对考古清单中提到的中世纪晚期英国农村家庭的文物和从考古发掘中获取的文物进行比较研究，揭示了这两种记录之间的差异。但通过这一点，我们可以获得更多信息，例如社会（城市和农村）群体之间的消费选择模式。

设想与理论：中世纪物品的经济史

每当物品成为人类学和考古学研究的焦点时，科比托夫（Kopytoff）的开创性论文《事物的文化传记：商品化的过程》就会被无数次地引用。本章也不可避免地要从这篇论文开始，因为它从根本上决定了我们对"物品"的价值及其经济地位变化的看法。科比托夫发现了两类物品，分别是商品和奇异物。一件商品可以在离散交易中自由地换取任何其他同等价值的东西，这种交易仅限于短期，因为交易双方或物品之间没有未来的义务。相比之下，一件奇异物不能简单地与另一件物品交换，无论它们的价值有多接近，也不能轻易地转换成用货币表示的价值。这是因为奇异物通常具有特殊的社会意义，比如作为礼物。它可能承担互惠义务，比如军阀和其家臣之间的物品。另一个例子是美拉尼西亚群岛（Melanesia）的库拉环（kula ring）[1]交换回报制度，特定类型的臂环和项链在一个明确的交换范围内不断地相互交换，以此作为建立和维持贸易伙伴之间关系的一种方式。

科比托夫研究的关键在于，一件物品的经济地位并不总是稳定不变的。事物很少非黑即白。同一物品可能在某个时间和地点参与自由的商品交易，而在另一个时间和地点则是具有更广泛社会影响的交易的一部分。一个物品在其整个生命史中可能经历商品化和单一化的过程。科比托夫举出的例子是奴隶本身对中世纪早期经济具有特别重要的意义（见下文）。作为一件商品，人无疑是奇异物，因为一个人的价值不能简单地用货币表达，也不能被任何其他人取代。当被奴役时，人成为一件具有利用价值的物品，能很容易地用另一个人替代或交换。这种商品化过程并不能消除所有奇异物的独特性，也不会消除未来重新出现独特性的可能。在奴隶的例子中，他们可能保留其以前社会身份的某些要素，并在交易结束后融入新的社会

---

1 库拉环：美拉尼西亚群岛居民的一种交换回报制度，部落里的居民会交换项链、手镯等礼仪性物品，两者按不同方向流通，借交换时的长途旅行和复杂仪式来稳定部落社会，社会身份和威望也由此产生。——译者注

环境时获得其他要素。像对待包括奴隶在内的任何人一样，我们也可以用这种方式为物品书写传记。

直到最近，在考古学和历史学对中世纪经济的讨论中，也很少出现这种思考。相反，文化历史学和过程考古学主要将交换物品视为经济活动和社会交流的被动印记，通过它们可以重建后者。人们的研究重点通常放在作为贸易流向（trade folws）指标和拥有地方属性（attribute of localities）的物品上，以便更好地理解物品在贸易中的作用。自然科学在这方面发挥了（并将继续发挥）核心作用，能够帮助人们了解物品起源和生产过程，但对人们了解过去的分配、交换和消费方面帮助不大。

基于后过程考古学[1]和后来的考古学思想流派（唯物主义、新唯物主义、物质转向论、对称考古学等）的研究方法越来越注重人们对物质文化的认知，最近考古学界还研究了"物"是如何能动地影响自然界的。在这种以物为中心的观点中，物品的经济方面受到的关注相对较少，对生产和交换方面的关注就更少了。直到最近，我们才首次看到人们从经济角度来研究物品的文化传记和在社会关系中的存在意义。例如，根特圣巴沃修道院（St. Bavo's Abbey）的一个金杯从不可转让而且具有仪式价值的东西变成了可转让的物品，然后又变回了原来那样，这都是9或10世纪一个遇难商人的行为造成的。这是一个很典型的例子，说明在中世纪早期，经济再生产和社会再生产的贸易渠道密切相关。

1　后过程考古学：也称为解释考古学，是考古学理论中强调主观解释的考古学。——译者注

那些对中世纪经济有影响力的讨论，尽管都是一些消极观点，而且这些讨论都把重点放在将交易作为社会系统来分析，但它们还是对物品类别进行了有用的区分，这与上文讨论的以物品为中心的研究方法不谋而合。查阅较早的人类学理论可以发现，它们通常在概念上对名贵商品和大宗商品进行区分。名贵商品或奢侈品因数量稀少或来自异国而具有较高的社会价值，因为只能在特定的、偏远的地方找到，抑或是因为它们的生产需要高技能的工匠。相比之下，大宗商品的生产效率高且成本低，因此可以大量运输并向广大民众销售。在加洛林王朝时期，由埃菲尔（Eifel）地区采掘的玄武岩制成的磨石，通过莱茵河（the Rhine）和北海分散到西北欧地区，就是一个很好的例子。

这种分类与人们对中世纪早期经济性质的长期讨论与理解有关，尤其是物品交换和分配的重要性，以及市场贸易日渐繁荣的因素。传统的理解是，欧洲中世纪出现了从名贵商品经济到市场经济的大转变，但这一理解仍有争议；也就是说，主要受精英群体对名贵商品的渴望而驱动的经济（这种经济让他们能够通过再分配和礼物交换来建立和维持相互的社会关系），转变成以短期市场交换为特征的经济。因此，名贵商品和大宗商品的关系就如同人类学文献描述的那样是奇异物和普通商品的关系。例如，理查德·霍奇斯（Richard Hodges）曾将名贵商品视为中世纪早期远距离贸易网络发展的驱动因素，因为获得和分配这些名贵商品有助于巩固和扩大新兴皇室贵族的权力。霍奇斯认为，在公元7世纪和11世纪之间，从再分配经济（redistributive economy）到市场经济的转变，意味着从主要是奢侈品的远距离贸易转变为更多区域内的实用商品贸易。

然而，大宗货物和名贵商品之间的区别实际上是动态变化的，而且也受环境因素影响。此外，奢侈品和市场交易之间的关系既不是不可调和的，也不是简单明了的。事实上，在某种程度上，任何社会都会将两者结合起来。为了再生产而交换让人难以割舍的奢侈品，绝不会妨碍短期的市场交易。短期的市场交换在社会中一直存在，即使在今天，那些人工制造的奢侈品有时也可以逐渐变为大众商品，走向普通人的生活。例如，来自罗马建筑上的装饰物在北海流通，被制作成彩色珠子。直到8、9世纪，远距离商业贸易从近东带来了新材料，这些装饰物的交易才逐渐消失。经济盈余产生、用于交易的商品大量出现及对交换的需求，都是奢侈品生产和交换的系统因素。无论是立足于中世纪早期中心地区的经济还是立足于中世纪晚期城镇的经济，这种"后实体主义"（post-substantivist）的观点如今在中世纪西北欧地区的研究中都被广为接受。

为了阐明这一点，历史研究表明，在整个中世纪后期，礼物交换在社会上仍然具有重要意义。在14和15世纪的佛兰德斯（Flanders），礼物和酒壶（*pots-de-vins*）是精英之间政治沟通的一部分，用来维持或改善私下关系或在司法问题上获得支持。这些礼物被明目张胆地列在城镇和修道院的官方账目中，我们从中了解到，这些礼物往往是顶级奢侈品，如珠宝或银高脚杯，价值极高（通常相当于普通工人年薪的数倍）。与中世纪早期不同的是，这些珠宝和顶级奢侈品没有留下任何考古信息。在中世纪早期，这些物品可以作为墓葬品保存下来。尽管在某种程度上有所变化，但我们看到，礼物交换的过程如何保持了它在维持社会关系方面的重要性。在日益增多的司法组织的背景下，这些礼物从维持精英互动的物品转变为纯粹的贿赂。

在本章的其余部分中，我们根据文章结构按照大宗商品和名贵商品来对物品进行分类研究。但通过举例可以发现，这种分类强调了这些类别的变化特征，而且物品的"经济传记"是具有社会性的，不能被简化为生产和消费的过程。我们还引入了第三个类别——消费品：有时被描述为"不实用"或"非必要"的成品（尽管我们不一定认同这一标准）。它们的生产规模相对较大，种类繁多。这类商品的交换不仅受到生产和流通的影响，也受到消费者选择等因素的影响。将这一类别包括在内的灵感来自我们对经济根源的讨论。讨论的观点认为，现代社会以消费为驱动力，资本主义经济根源于中世纪经济。这些关于"商业化"问题的讨论在研究中世纪早期的经济时被忽略了，但它有助于进一步解决名贵商品和大宗商品、奇异物和普通商品之间的界定问题。

名贵商品

在整个欧洲中世纪，一些物品被赋予了特殊意义。它们是与贵族和机构有关的名贵商品，往往也与再现社会等级制度的意识形态和世界观相关。对于欧洲民族大迁徙时期[1]的军阀和权贵以及中世纪晚期的君主和达官显贵来说，这些物品的获取、展示和再分配一直是政治和经济中的关键因素。上文提到的勃艮第地区的纺织品就是一个鲜明的例子，它展现了勃艮第公爵所拥有的品质独特的服装，其面料采用高超的编织工艺制成，含有大量金线，色彩也非常丰富（图3-2）。

1　欧洲民族大迁徙：4—7世纪在欧洲发生的一连串民族迁徙运动，标志着欧洲中世纪的开始。——译者注

图 3-2 豪华的丝绸斗篷，来自佛罗伦萨，约 1450 年。这件斗篷属于勃艮第公爵，于 1477 年格朗松战役后被瑞士军队占有（转载自马尔蒂等人，2019 年：第 31 页，第 86 类）。摄影：斯特凡·勒布萨门（Stefan Rebsamen）。版权：伯尔尼历史博物馆，伯尔尼

这些物品之所以名贵，其价值在于它们难以获得，因为这些物品是由稀有材料制成的，需要专门的工艺进行生产，或者是尊贵的人赠送的礼物。除此之外，可能是因为地处偏远，它们被运输到此地困难，也可能是因为需要一队士兵或一些专业设备才能实现运输。这些因素结合在一起，就更能体现领导人物的地位，他们以能够接触到这些名贵物品来突出自己非凡的能力和人脉。印度白象阿布·阿巴斯（Abu'l Abbas）就是一个典型例子。这件珍贵的礼物是由阿拔斯王朝（the Abbasids）[1]的一位大使在大约公元800年时赠送给法兰克皇帝查理曼大帝的，它标志着送礼者的能力，同时也提高了查理曼大帝的影响力、征服能力和外交能力。查理曼大帝带着大象在北方与丹麦人作战，充分利用了大象作为帝国地位、政治能力、权力和财富的象征价值。名贵商品的交易可以采取不同的形式，但都涉及用它来交换某种形式的社会资本。这里最常见的例子是军阀和随从之间的社会关系，如在《贝奥武夫》（Beowulf）[2]等流传下来的故事。尽管这个故事保存在11世纪早期的手稿中，但它借鉴了早期的思想、传统和故事，生动地体现了这类附属关系。

器物在纪念神灵和祖先时被用来献祭，这种献祭以多种形式出现。2013年，在莱茵河河口岸边的一个墨洛温王朝时期的定居点发现了一只奥格斯特吉斯特碗（Oegstgeest Bowl，图3-3）。它来自地中海东部，被发现时已经是一件古董，由银制成，饰有镀金图案。

1　阿拔斯王朝：是哈里发帝国的一个王朝，也是阿拉伯帝国的第二个世袭王朝。——译者注

2　《贝奥武夫》：约公元750年的英雄叙事长诗，长达3182行。故事集中于斯堪的纳维亚半岛，是以古英语记载的最古老的一篇传说。——译者注

图3-3　奥格斯特吉斯特碗，经德布鲁因 2018 许可转载

最近，这只碗还在莱茵兰（Rhineland）某地加装了悬挂环，变成了盎格鲁－撒克逊或斯堪的纳维亚样式的吊碗，具有很高的社会价值和地位。

无论是基督教时期欧洲皇家墓葬中的惊人财富和奇珍异宝，还是中世纪晚期教堂和修道院的珍宝，只有得到有眼光的观众的认可，才能被赋予名贵价值。因此，展示是此类交易中不可或缺的部分。这与人们的炫耀性消费意识有关，也就是掌权者在公共场合大笔消费以此展现自己的财富。丰富的陪葬品不仅仅是为逝者准备的，也是葬礼仪式中精心设计的一部分。

用科比托夫的话说，名贵物品通常具有高度的独特性，它们具有特定的生活史，而且充满个性。这些生活史通常包含超自然元素，强化了物品的重要性，圣人的遗物就是如此。7世纪法里逊（Frisia）的"皇家"胸针，据说参考了弗蕾娅（Freyja）[1]女神佩戴的闪亮珠宝。因此，名贵物品通常在有限的社会范围内交换流通，有些物品甚至是让人难以割舍的（如圣人的遗物或祖先的剑）。但这并不意味着这类物品永远不会成为商品，相反，许多名贵物品很可能在某个时候受到商品交换方式的影响而成为商品。

通过各种监管机制以及其他方式限制名贵物品的流通并不罕见。中世纪晚期的立法规定了服装中使用的贵重材料，规定某些颜色和金属只限于社会最高阶层使用，获得某些资源也是一种皇室特权。在维京时代之前的斯堪的纳维亚半岛，金匠的某些工艺仅在贵族住宅中得到证实。13世纪冰岛记载的铁匠韦兰（Weland the Smith）[2]的传说，可能反映了精英们对限量且使用由技艺精湛的工匠制作的名贵物品的担忧。

名贵商品由于其本身的性质，往往在考古记录中脱颖而出。然而，如前所述，将其解释为贵族地位的展示品和社会性交易（如礼物交换）时，我们需要谨慎。和考古学一样，背景是最重要的。例如，从6世纪低地国家的墓葬中普遍存在的金胸针和其他贵重物品来看，在一个社会分层有限的农业社会里，获得这些财富似乎相对容易。同样，在中世纪的沿海定居点发现的昂贵物品并不表明当时的居民地位高，而是说明了当时可以不受管制地参与海上贸易。15世纪比利时海岸的渔村瓦拉弗斯德（Walraversyde）就是一个例子，

1　弗蕾娅：北欧神话中的女神，与爱情、美丽、性欲、战争和黄金有关的女神。——译者注

2　铁匠韦兰：日耳曼神话中的铁匠大师。——译者注

这个渔村靠近奥斯坦德（Ostend）。在这个地位极低甚至处于边缘地带的定居点进行的考古发掘，让人们看到了一系列原本只存在于内地最富有的城市家庭和贵族居所的物品，其中包括天堂椒（Paradise grains）、丁香和胡椒等异国香料，石榴等异域水果，还有象牙梳、铸铜烛台及来自巴伦西亚（Valencia）、马拉加（Málaga）和塞维利亚（Seville）的西班牙虹彩陶器（Spanish lusterwares）等豪华手工艺品（图3-4）。这些物品在整个渔村的分布并没有显示出任何形式的准入差别，而且流入渔村的物品在很长一段时间内一直保持不变。显然，渔民们能够参与到从西班牙和葡萄牙到佛兰德斯（Flanders）[1]

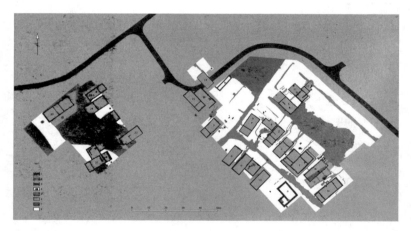

图3-4　从15世纪比利时奥斯坦德渔村瓦拉弗斯德挖掘出的四分之一平面图（转载自彼得斯等人 2013：402，图408）。版权：佛兰德斯遗产代理处

1　佛兰德斯：是西欧的一个历史地名，泛指位于西欧低地西南部、北海沿岸的古代尼德兰南部地区，包括今比利时的东弗兰德省和西弗兰德省、法国的加来海峡省和诺尔省、荷兰的泽兰省。——译者注

的商品贸易流通之中，最有可能是通过担任西班牙商船的引航员来实现的。但毫无疑问，也有海盗和海滩捡拾等不太体面的行为。因此，在此区域内，人们能够自由获取这些商品，这让它们失去了原本的名贵价值。

消费商品

关于消费驱动型经济的考古学讨论主要集中在中世纪晚期，而且是从12世纪和13世纪开始的。主流观点认为，中世纪晚期意大利北部、低地国家、英格兰东南部和波罗的海这些地方的城市化和城市社会的发展为消费品的出现创造了条件。从服装配饰到家具，这些便携式工艺品都是家庭用品，而且与消费潮流、技术创新和各种各样的社会实践有关。它们的生产规模相对较大，种类繁多，交易不仅受生产和配给的驱动，也受消费者选择的驱动。有时它们被定义为"不实用"或"没必要"的东西，尽管我们不一定认同该标准。

物品的多样化和专门化、人们不断提升的物质享受和愉悦感，以及物品的生产明显趋于统一（标准化和大规模生产），我们以这些标准来描述和定义消费主义兴起。这种多样化和专业化可以在陶瓷的家用器皿和餐具中看到，在玻璃和金属器皿及餐具中也有所体现。从12世纪开始，在整个13至15世纪，手工业不断制造出新款器皿，特别是不同类型的水壶和酒具，如烧杯、高脚杯等，有玻璃的也有陶瓷的，还有不同样式的碗盘、三脚锅、滴水盘、钱盒、水壶、花盆、蜡烛盒、哨子等（图3-5）。

图3-5　一套典型的中世纪晚期家用陶瓷，来自比利时东佛兰德斯阿尔斯特的一个家庭。版权：科恩·德·格鲁特

　　木制器皿也显示出这种多样化趋势，通常配有各种各样的装饰品。随着铃铛、纽扣、挂件、带扣等东西的增加，服装配饰也更加多样，珠宝等物品的种类也越来越多，而且都能与时尚和服装的变化联系起来。标准化和统一化及大规模生产的趋势也很明显，例如，在14世纪和15世纪，大规模生产的莱茵石器占据了西北欧的普通酒器市场。同样的情况也体现在大量生产的世俗和宗教徽章上，这些徽章在13世纪后的城市和农村遗址中大量出现。锡釉彩绘陶器的生产和消费满足了人们对物品质量和舒适度的更高追求，比如有描金图案、珐琅和彩色布料的西班牙虹彩陶器（Lusterware）。

　　除这些类别之外，还有一个特殊的类别，即仿制品。他们通常仿制比较昂贵的高品质金属物品，比如仿制中世纪铜合金水罐、洗手盆或铜合金大口水壶，这些比较便宜的仿制品大多用陶瓷制成。这些陶瓷表面是铅釉，以模仿金属的光泽，并带有彩色装饰和其他点缀。这些仿制品使得那些原本昂贵的物件得以普及，反映了中世纪晚期城市居民消费行为的发展以及城市工匠技术水平的提高。

在物品更加容易获得和更加多样化的背景下，社会差异性和一致性的变化影响着消费者的选择。这会通过与声望、品位和潮流有关的机制实现，但物质文化（广义的概念）也成为展示、区分和构建其他形式社会身份与实践的扩展舞台。用铜合金或其他材料制成的壶和水罐（水壶或壶型器皿）装饰精美，在贵族及宗教和行会中发挥自己的作用。中世纪时消费品的兴起在这些变化中显而易见。

不过，尽管我们对中世纪早期关于"消费"的理解大都没有书面材料支撑，但在更早之前可能也是如此。至少在9到12世纪的一些地区，胸针作为传播最广的女性服装配饰有各种材质和样式，展现出不同的风格和装饰图案。显然，社会的广大阶层也能使用它们。虽然证据要少得多，但从某种程度上来说，服装也是如此。9到11世纪用于国际贸易的陶瓷，如"巴多夫"陶器（"Badorf"wares）、红漆陶器、塔丁壶（Tating jugs）和其他物品，在一定程度上代表了莱茵专业生产中心以标准化生产的专门餐具的发展史，有些产品用颜料或铅釉[马斯河谷陶器（Meuse valley wares）]进行装饰。法里逊大披肩（Frisan *pallia*）——一种以色彩鲜艳著称的服装（下文讨论）——可能也是面向消费市场的重要规模产品。

吉特·汉森（Gitte Hansen）和乌恩·彼得森（Unn Pedersen）针对卑尔根（Bergen）和考邦的研究强调，我们从中世纪早期贸易城镇挖掘到的考古经济物品能反映出商人和生产者的社会身份，尽管我们现在难以对其进行解释。与此非常相似的是，在比尔卡和卑尔根，对丝绸作为社会商品的解释与早期商人的地位和社会角色密切相关。正如斯文·卡尔姆林（Sven Kalmring）所描述的那样，将这些经济特区和贸易港的珠宝和异域商品的消费与消费品的早期发展联系起来并不困难。

重要的是，要跳出历史资料和人类学模型的偏见，避免先入为主地对商品化和消费主义出现的时间和方式预设答案。在区域和长途贸易网络、适度的城市化和重新调整的社会关系的背景下，消费者选择的驱动力是对自我表达和社会交往的需求，这种需求早在中世纪晚期贸易城镇兴起之前就已经存在。虽然中世纪晚期的城市和修道院为我们提供了大量关于消费主义发展的信息，但我们需要认识到，与中世纪早期农村地区的考古资料和书面证据相比，中世纪晚期的这些资料更丰富，很可能在一定程度上影响了这种看法。

大宗商品交换

过去15年的研究已经证明，在中世纪早期，地区及地区之间存在着商品的市场交易。对北海沿岸大大小小的贸易地点的考古沉积物进行新的高清科学分析表明，大宗贸易的意义远比之前证实的要深远得多。对荷兰6、7世纪的河道遗址及8、9世纪的多雷斯塔德（Dorestad）商业中心的木材进行树龄分析表明，现场使用的木材是从德国南部进口的银杉和从黑森（Hessen）地区进口的橡木，而且交易量很大（图3-6）。

多雷斯塔德5000个织机砝码反映了当地有多达50台织机，同时也反映了纺织品生产的价值。对7至11世纪佛兰德斯和荷兰沿海定

图3-6 莱茵河上的木材运输。L.R.范·登·布拉克的画作（1857）展示了德国南部的木材散装贸易活动，这种贸易可以追溯到中世纪早期。经西蒙尼斯和布恩克艺术经销商的许可转载

居点的研究，说明了这些沿海居民是如何专业进行羊群饲养和羊毛生产的。对从佛兰德斯、泽兰（Zeeland）和弗里斯兰（Friesland）盐沼定居点（salt marsh settlements）收集的动物骨骼分析显示，绵羊骨骼占74%，这说明绵羊饲养业占主导地位。对绵羊骨骼进行的氮元素分析表明，动物是在无护堤的盐沼地中饲养的。这些数据和书面资料，非常有力地表明沿海农民在低地国家的沿海盐沼地中从事羊绒、羊毛甚至高品质外套的专业生产，并且在弗拉芒（Flemish）纺织城兴起之前的几个世纪一直如此。这些专业产品被纳入区域及区域间的贸易网络，以换取其他商品，如木材、谷物、牛肉、有色金属制作的服装配饰等。在这些沿海遗址中有大量的进口陶器，如比利时内陆7、8世纪的黑色抛光陶器和莱茵兰6至8世纪的迈恩（Mayen）陶器，以及进口的铜合金，甚至金银奢侈品，都展示了从中世纪早期开始的大宗贸易的重要性。

然而，中世纪早期还有一个特殊经济商品——奴隶。奴隶作为一种贸易对象在中世纪早期一直存在。在这几百年里，奴隶并未被当作人类对待，在一个地区战败或遭遇突袭后，作为一种政治制裁手段，奴隶成为港口交易对象就成了可能。奴隶贸易在后罗马时期的第一个千年中无处不在，直到约公元1000年，弗拉芒和爱尔兰的奴隶仍在鲁昂（Rouen）的市场上出售。奴隶的经济价值和重要性使得其为维京人的经济和加洛林王朝的国库提供了宝贵的收入。在8世纪和9世纪，北海港口如多雷斯塔德、隆登威克（Lundenwic）和赫德比，包括凡尔登（Verdun）在内的法兰克中部地区，以及地中海城镇如比萨和威尼斯，都存在奴隶贸易。

无论是区域内还是长途贸易网络，大宗贸易都体现了农村生产者和贸易商之间的联系。然而，长期以来人们只关注对礼品交换和奢侈品贸易方面的研究，对这类大宗贸易的研究并不重视。正是在这一背景下，我们需要评估特殊商品的重要性，如中世纪早期大量交易的进口驯鹿鹿茸和生琥珀。中世纪早期，这些大宗商品贸易的存在为10世纪和11世纪贸易城镇的出现创造了条件。但有关大宗贸易的证据仍然依赖于考古技术，例如对土壤微观形态进行分析，以获得谷物和其他有机大宗商品贸易的证据。

反映这些新城镇作为商品消费中心和大宗商品贸易中心的一种商品是海鱼，确切地说是鳕鱼和鲱鱼。图尔奈（Tournai）的考古研究表明，"内陆市场鲱鱼数量的增加"始于10世纪末和11世纪初，鲱鱼、鳕鱼、鳗鱼和比目鱼的捕捞几乎达到了工业化的规模，尼乌波特（Nieuwpoort）新海港的通行费账目及早期城镇考古沉积物中含有大量鱼骨材料都能够证实这一点。在这一时期，渔业贸易在北海沿岸随处可见，反映了海鱼作为食品的重要性日益提高。10世纪和11世纪与这些渔场相对应的渔村并不广为人知，但我们有关于15世纪瓦拉弗斯德渔村的重要考古信息，这是一个完全商业化捕捞的村子。该村的物质文化表明捕鱼是村民的主要职业，并为此地曾获取大量进口商品和新奇产品提供了实质性证据。后者似乎是所有渔村和港口的普遍特征。沿海渔村"能够从地理上或社会上利用国际货物流动，即使这些货物流向其他地方"。在内陆地区的同行赶上新的潮流风尚之前，沿海地区的民众更有机会表达对新商品的需求并获得新商品，这种趋势在中世纪早期也得到了证实。因此，从事海上职业活动的渔村在消费主义的起源中发挥了重要作用。

　　瓦拉弗斯德（Walraversijde）的物质文化特点是与渔业有关的物品。根据遗骸的材料，我们可以知道当时人们有不同的捕鱼方式：浮动刺网、拖网、钓索和鱼钩。许多木制网针说明了当地人会修补渔网。网针和铅坠的尺寸表明这是网孔为2.2至3.8厘米的网，可能是著名的鲱鱼网。这些鱼钩无一例外都是铁制的，毫无疑问，被用来捕捞鳕鱼和黑线鳕等大型鱼类。在所谓桶井构造中发现的大量木桶也具有启示意义，它们被认为是汉萨商人带到瓦拉弗斯德的容器，里面装满了从波罗的海运到低地国家的斯堪尼亚鲱鱼。树龄分析显示，用于制造木桶的橡树是1380年至1430年在格但斯克（Gdańsk）（今波兰）附近砍伐的。另一个通过汉萨同盟商人（Hanseatic）[1]和其他长途贸易路线进入佛兰德斯的有趣副产品是商船上的波罗的海压载石块，这些石块在中世纪晚期被重新用于铺设茨文河（Zwin）河口港口的人行道。木桶和压载石块的例子表明，我们可以通过衍生产品或相关的贸易产品来研究大宗商品的交易。

14世纪和15世纪独特的船舶保险合同也可以让我们了解中世纪晚期船舶货物的多样性乃至随机性。安特卫普（Antwerp）贸易商将各种各样的大宗商品（来自莱茵兰和其他地方）运到伦敦，为的是将部分商品进一步分销到波罗的海。这些货物包括葡萄酒、盐、鲱鱼、商业作物（亚麻籽）、羊毛和羊绒，还有染料植物、铜板、成捆的纸、羽绒被、老花镜玻璃盒、水壶、针头等。这表明，我们必须以严谨的态度来解读原产地与货物实际消费地之间的贸易联系，合理地假设贸易目的和贸易流通方向。例如，精心制作的马约利卡壶（majolica pots）作为存放药膏的容器，可以通过贸易流通从意大利运输到安特卫普再到伦敦，最后到格但斯克。因此，仅根据发现的一两个马约利卡壶来重新定义意大利和波兰之间存在直接贸易联系，或是将其售卖视为刻意的奢侈消费的象征，都是错误的。许多商品都是作为船上的额外货物慢慢散落到各地的。

1　汉萨同盟：12至13世纪时中欧的神圣罗马帝国和条顿骑士团诸城市之间形成的商业、政治联盟，以德意志北部城市为主。汉萨（Hanse）一词德文意为"公所"或"会馆"。13世纪逐渐形成，14世纪达到兴盛。——译者注

贸易方式

货币也许是最明显的"经济物品",也是物质文化的要素之一,但至今尚未被提及。硬币作为经济必需品在中世纪早期经历了巨大变化。在中世纪之前的几个世纪,由于罗马的货币经济在欧洲大陆大部分地区已经广泛传播,因此大多数欧洲人熟悉货币的概念。像罗马硬币这种所谓的"通用货币",可以在许多交易场合中使用。它具有多种功能,如交换手段、支付方式、价值标准、财富储存和记账单位等。然而,罗马硬币所包含的不仅仅是通用货币的概念,还包含一个量化估值的层级结构:人们对一整套社会、经济、行政和政治的实践和态度,以及与国家权力的密切联系。罗马硬币的物质性恰恰能使这些方面得以实现。硬币的形状、大小和材质决定了其便携性、耐用性和内在价值。硬币中含有的金属或合金表明其在价值层级中的地位。硬币作为宣传肖像的载体,反映了国家及其最高代表的权力并使之合法化。

虽然这一货币体系在罗马晚期崩溃了,但从那以后的经济发展仍然十分依赖罗马的货币观念,特别是货币的物理形状。但也有些例外,从5世纪开始,西欧前罗马的硬币流通主要限于黄金,而且主要与精英阶层有关。从5世纪末开始,高卢造币厂通常会仿造拜占庭货币。一个世纪后,在墨洛温王朝的正面印有造币厂名称和王室成员的半身像、背面印有造币厂厂长名字的金币开始占主导地位。7世纪,盎格鲁－撒克逊人和法里逊的大亨及国王开始发行特雷米西斯金币 [gold tremissis,也称为特里恩斯(triens)金币或蒂姆萨(thrymsa)金币]。自公元670年开始,金币被银币取代。不同地区对银币有不同的叫法,在法兰西亚叫迪纳厄斯(*denarius*),在盎格鲁-撒克逊英格兰和弗里西亚则为希特（sceat），名义价值为特雷米西斯的四分之一。迪纳厄斯银币仍然是加洛林王朝铸造的主要硬币。公元754至755年，矮子丕平（Pepin the Short）[1]实施的改革彻底改变了这些硬币的外观（并略微增加了它们的重量），虽然面值保持不变，但加洛林王朝的第纳里（denarii）比早期的硬币更薄，直径更大。盎格鲁-撒克逊的货币从8世纪60年代或70年代基本上遵循了这一样式，而荷兰北部生产的则是加洛林王朝货币的仿制品。从10世纪开始，随着各个政权开始自主造币，硬币在外观和重量上都开始摆脱加洛林样式。

硬币外观和使用方式的变化与社会发展相对应（尽管其他因素也发挥了作用）。后罗马时期的高价值金币服务于精英阶层之间以交易为主导的社会经济，包括商品再分配和商品交换。王室不仅想要掌握造币权力，同时还希望以此为社会交易（贡品、罚款、税收等）设定标准。作为这种交换的媒介，金币也获得了巨大的象征价值，这主要体现在它们被用作珍贵的陪葬品[如法国图尔奈的希尔德里克（Childeric）墓葬或英格兰萨福克的萨顿胡（Sutton Hoo）墓葬]。

然而，我们不应低估这些硬币在短期交易中的作用，因为它可能与目前越来越多的大宗贸易证据有关。这一点可以从硬币的多样性和数量上得到证实，而且硬币含金量不断下降，还有大量仿制品的出现，特别是在7世纪时尤为明显。硬币的价值是根据其成色和重量来确定的，而非其名义价值，这又表明了商品交换的重要性。

然而，正如弗兰斯·休斯（Frans Theuws）所言，即使是这种

---

1 矮子丕平：即丕平三世，因其身材矮小所以被称为矮子丕平。——译者注

短期交换也不乏社会、意识形态甚至宗教上的意义，因为造币是在重要宗教机构[如巴黎附近的圣丹尼斯（Saint Denis）和马斯特里赫特（Maastricht）的圣塞瓦提乌斯（Saint Servatius）]的主持下，在具有超地区意义的集市上进行的。7世纪末，人们开始使用白银，这可以从几个方面加以解释。然而，在北海周围新兴的长途贸易网络中，货币化商品交易变得愈加重要，尽管在区域和社会层面上其重要性各不相同，但它所发挥的重要作用不可忽视。与此同时，我们还注意到一种变化，即使常被用于墓葬的是硬币，人们还是优先使用贵金属充当货币或商品。尽管如此，从盎格鲁－撒克逊银币上经常出现的宗教图案也可以看出，这种商品交换带有神圣的宗教色彩，这与休斯关于墨洛温王朝金币的论点类似。8世纪末至9世纪下半叶的银币大体上反映了这种货币化经济的延续。英格兰和法兰克王国（Francia）没有出现外国货币，这表明一国货币在进入他国时进行了交换和重新铸造，因此它们主要用于国内流通和区域性流通，而不是长途交易。尽管硬币的一些象征意义似乎已经转移到了受钱币启发设计的胸针上，但人们有时仍然选择将硬币存放在墓葬中。虽然硬币生产规模和社会货币化程度并不匹配，但在加洛林王朝晚期，欧洲使用货币交易的习惯已大致形成。

到目前为止，这种讨论仅限于欧洲西北部那些曾归属于罗马帝国，并在后来划分为盎格鲁－撒克逊和加洛林王朝的部分地区。尽管罗马货币在罗马帝国以外的地区广泛流通，但除了8、9世纪的罗马帝国外，北欧直到11世纪仍然是一个非货币化社会。在这段时间里，经济主要与社会声望有关，因此社会声望和社会地位与人们的财产收入、经济再分配和消费能力密切相关。欧洲长途贸易的日益一体化，以及大量阿拉伯货币和斯堪的纳维亚欧洲银币的出现，标志着经济重心的转移，商品在经济中占据了更为重要的地位。然而，与上文讨论的盎格鲁－撒克逊和加洛林王朝不同，在维京人的世界里，硬币及由熔化的硬币制成的物品（比如臂环）的价值不是来自其面值，而是根据它们实际所含的银的重量来确定的。因此，图案模糊的金属碎片、切开的硬币和其他形式的碎银同样能作为有效的支付手段。天平、各种小砝码和银器上的测试标记也是这种金银经济的一部分考古印记，这种经济依赖于精准的称重技术和评估银纯度的手段。直到 10 世纪末，斯堪的纳维亚国王才开始铸造本国的硬币，象征着其对欧洲王权制度和国家管理形式的借鉴。

我们不应用斯堪的纳维亚地区最终的货币化经济来掩盖其早期的发展历程，因为正是这些发展才凸显出交换手段存在的历史偶然性。与碎银一样，其他物品只要满足作为中性交换媒介的物质要求（比如耐用且可运输），它们也可以代替铸币充当货币。因此有人认为，中世纪北欧在某些时间和地点曾使用过替代式货币（如布料和玻璃珠）进行商品交换或其他交易。

结语

长期以来，我们对中世纪经济物品的认识和解读一直受到历史学二分法的阻碍。这种二分法源自我们脑海中固有的偏见。我们对中世纪早期的了解主要来自华丽的墓葬和祭祀场所中见到的名贵文物。最初，我们习惯将彰显财富的文物与地位、精英和赠礼等标签联系在一起，导致当贸易港口出现了类似的文物时，我们自动地将这些物品与追求社会名望的贸易和礼物交换机制联系在一起。在中世纪晚期，与大宗商品和消费品相反，名贵商品在考古学上远不受重视。因此，我们很少讨论中世纪晚期名贵物品和豪华工艺品作为礼节性礼物交换的重要性。然而，唯一与过去不同的是，如船形容器（nefs，小型装饰性容器）或黄铜、银和金制的水罐这些昂贵的珠宝和餐桌工艺品不再被放进墓葬，而是转为被用于其他类型的仪式活动，比如精英阶层或出于宗教目的的礼物交换，且这一转变大都可以在书面资料中得到证实。结合大量书面资料和考古资料（如城市垃圾沉积和粪坑），我们将中世纪晚期与商品的生产、贸易和消费联系起来。这些大型商业城镇的居民，以及这些包括垃圾堆和粪坑的考古遗迹所体现出的令人印象深刻的文化，似乎凸显了中世纪晚期消费品的重要性和需求量。

除此之外，通过更加细致地观察和使用创新的研究方法，我们可以确认中世纪早期如木材和羊毛等大宗贸易的存在。这些大宗商品及葡萄酒，很有可能还有奴隶，都是作为可转让的商品进行短期交换的。正如迈克尔·麦考密克（Michael McCormick）在关于奴隶贸易如何推动西欧经济发展的论文中所指出的，我们必须将考古学上不太显眼的大宗商品（皮草、木材、奴隶）视为促进商业发展的基础，其早在8世纪而非10世纪或11世纪就开始了。由于农民和庄园主无法在这些物品上实现自给自足，如羊毛、服装、羊绒、纺织品、木材、皮草、金属矿石、葡萄酒等，都应被视为短期交易网络的主要物品。

正如弗兰斯·休斯所言，可转让和不可转让货物（inalienable goods）的两个循环阶段中包含了长期交换模式和短期交换模式，它们相互关联，而非彼此独立。这些对中世纪早期交流网络的发展起到促进作用的大宗商品或货物，为人们获取不可转让的物品提供了所需的财富，同时，这些不可转让的物品因经过长期交换而产生了不同的文化印记。对于中世纪的经济物品、手工艺品及中世纪早期名贵商品和消费品的生产，具有重要意义。从8世纪开始，贸易的增加和交换规模的扩大也是如此，尽管贸易港口的工艺品考古资料似乎相当有限，但显然这类商品的产量和复杂性都超过了家庭小规模生产的能力。中世纪晚期工艺品的考古资料也是如此，包括布料生产。因此，我们无法按照传统方式来划分中世纪早期的"仪式性"社会经济、中世纪晚期的"消费型"社会经济和以城市为中心的社会经济。

我们还需要考虑相同背景下的手工艺品传记（artifact biographies），特别是物品经济地位的变化和转换。许多类别的交易品根本不属于商品范围，如奇异物和大宗名贵消费品。其中一个例子就是所谓的塔汀陶器（Tating ware），这是一种出现在8、9世纪的优质陶器，因其使用锡箔装饰和其特有的形状而脱颖而出（图3-7）。

作为考古发现的物品之一，它最常被用来说明跨越北海和波罗的海的中世纪早期贸易网络范围。然而，除了这些基本信息之外，关于其来源、目的或交换方式，几乎找不到确定或一致的说法。除此之外，它的经济地位似乎非常不稳定，并且其地位还取决于它所处的社会背景。我们在英格兰、法国和德国的修道院和其他宗教环境中发现了塔汀陶器，也在斯堪的纳维亚的墓葬和德国北部沿海上流聚居点中发现了塔汀陶器，但数量总是非常少。从基督教礼拜仪式和在北方精英中流行的加洛林风格饮酒方式，到法兰克传教士的礼物，各种各样的解释都有。相比之下，塔汀陶器在大型商业中心

图3-7 塔汀陶壶。摄影：克劳斯·费维尔。经许可转载

（emporia）出现的数量相对较多，在这一点上，它与在西北欧大规模交易的其他类别的法兰克商品没有什么区别。15世纪和16世纪的马约利卡锡釉水壶（tin-glazed majolia jugs）也与塔汀陶器一样。这些水壶通常带有IHS符号[1]，它不仅象征着财富（马约利卡是一种相对昂贵的商品），而且还是一种信仰的表达，因为这些水壶带有象征纯洁的宗教内涵，可能用于圣母崇拜。因此，佛兰德斯比尤利（Beau-lieu）修道院的修女们在16世纪初同时扔掉了她们的整套马约利卡水壶，这可能反映了消费模式的变化，但也同样反映了宗教改革期间人们对宗教态度的变化。诸如此类的案例凸显了"经济物品"价值和意义的潜在多样性，因为在欧洲中世纪早期及晚期人们的社会活动中，它们无处不在，也必不可少。

---

1 IHS符号：代表耶稣的符号。——译者注

第四章

日常器物

创造并塑造中世纪世界

托比·F.马丁

人们常常认为日常琐事平淡无奇，日常物品也是如此。但是，无论何时何地，日常物品都对人类产生了深刻影响。普通物品的特质决定了其在日常生活中的实用性，而且随着时间的推移，人们对物品的态度变化也体现了人们的生活变化。这些变化为本章提供了思路，本章将围绕这些变化阐述一段日常物品的文化史。本章不止于描述物品、物品的功能及制造物品的方式，还会研究这些物品与中世纪生活之间是如何相互影响、彼此塑造的。

　　一件"日常"物品意味着它普普通通、毫不起眼，属于"平民"而非"贵族"，而且也不是只在特定时候才会使用。日常使用是具有周期性或重复性的，在这样的使用情况下，日常物品可能会成为社会媒介。我们常常搞不清这些日常物品的功能，因为只有在我们使用这些物品时，才感知到它们的存在。纺锤轮呼呼作响，做饭时的温暖炉火与食物的香气，土制、木制或玻璃容器在掌心或唇间的粗糙、光滑或冰冷的触感，还有金属首饰在灯光下的闪亮与叮当声，虽然有些单调乏味，但正是这些不起眼的日常物品默默存在于我们的生活中，也给我们带来了些许神秘的力量。

更为传统的研究方法倾向于关注精英生活，而"日常"研究方法在于能摆脱这种传统，它为人们了解生活提供了一扇窗。但如果脱离了精神、政治、社会和经济这些更广泛的背景来研究当时的生活将是一个错误，主要是因为中世纪的家庭在经济、社会、精神甚至生物学意义上都形成了普遍的消费和生产单位。这或多或少是整个中世纪生活的真实写照，体现了中世纪社会生活的特征。

考虑到这样的生活背景，本章探讨了日常物品对使用者的意义，以及随着时间的推移，在适应生产和交换的周期方面，人们的态度是如何改变的。一千年，时间漫漫，所以我们对每个时期的回顾都会言简意赅。本章将分为四个阶段进行叙述，每个部分都会研究少量物品。第一部分研究5至7世纪农村使用的日常物品，第二部分研究7至9世纪晚期日常物品在不断扩大的贸易网络中的流通，第三部分研究9至11世纪新兴城市的日常物品及其生产环境，最后一部分，研究12至14世纪在生产和消费方面出现的巨大变化。

农村生活与中世纪早期家庭

在5至7世纪，大多数人生活的小村落之间没有什么区别。这些小村庄没有专业生产，日常生活中的很多事情都在相同的环境下进行，人们日常所做的一切都息息相关。因此，从这一时期的定居点遗址和墓地中出土的物品都以普通日常物品为主。锅、刀具和衣物等日常物品并不只存在于生者的日常生活里，它们还出现在墓葬中。虽然我们可以假设墓葬中的大部分物品都是生者曾经使用过的，但还是有些迹象表明（下文会提到），这些日常物品中的某些物品是被特地选来用于殡葬。

考古证据表明，由于缺少专门的生产场所，人们只能在生活场所中加工铁、青铜、骨头、木头等各种材料。露天制作的手工陶瓷、相对简单的铁制工具、亚麻和羊毛等本土制造的物品没有什么技术难度，这类物品在5至7世纪人们的日常生活中占主要地位。不过也有例外，比如欧洲各地墓葬中有大量来自波罗的海的琥珀。更令人意外的是，在莱茵兰、低地英格兰和石勒苏益格 – 荷尔斯泰因（Schleswig-Holstein）的骨灰瓮（urnfields）[1]中出现了大量象牙底环（Purse rings）。虽然在墓葬中经常发现这种外来物品，但在定居点遗址中却很少见，这说明那些殡葬用品中有许多都是外来的。

尽管这样，大多数日常物品都是本地制造的。锅灶、衣服和金属首饰都不可能来自外地。从制作和形式上来看，即便相距甚远，物品也都有相似的风格。北海附近的陶器也有这样的相似性。尽管我们认为这些陶器很少经过海上运输，但如果将在英格兰东部和南部的火葬墓地和在农庄遗址中发现的手工陶器放到日德兰半岛、德国北部和荷兰，也不会产生违和感。将这些普通的日常物品与当时更宏大的时代背景联系起来，能反映出当时不同地域间的特点和关系。如果能真正理解这些普通物品风格上的相似性，那么我们就能通过这些普通物品去更好地感知这个广阔的世界。

1　骨灰瓮：土冢在火葬地筑成，将骨灰和烧熔的随葬品埋入地下。——译者注

刀具和铁制品

欧洲的初熔铁供应在5世纪急剧减少。在前罗马行省，人们通过从人口急剧减少的城市中搜集回收废铁来满足一部分需求，为这些制成品赋予了新的意义。在德国南部、奥地利、英格兰西南部、瑞典东部、波兰北部还有中欧东部等欧洲许多地方都有现成的天然铁，这些地方的不足似乎是缺乏提取原料、加工和分销成品的基础设施。

最普通的日常铁器就是刀具，常见于欧洲的墓葬中。例如，在英格兰剑桥郡埃迪克斯山（Edix Hill）埋葬的149名男女老少中，55人有刀陪葬。这些刀通常挂在腰带上，放在靠近逝者臀部的位置。刀具不仅跨越了使用者年龄和性别的界限，而且还代表着他们的社会等级。在王子墓穴（fürstengräber）中经常挖掘出刀具，例如在克雷费尔-盖勒普（Krefeld-Gellep）的1782号墓穴中发现了刀具、青铜器、一把金色石榴纹饰的斯巴达剑（spatha）、精致的马鞍饰品和一把拜占庭银勺，而在萨顿胡（Sutton Hoo）著名的1号士兵墓葬中发现了四把刀。

刀具满足了日常的实际需求，在墓葬中的普遍存在也说明了刀具能够在一定程度上体现一个人的身份地位，尤其是在发现老年人和男性墓中的刀具往往较长时，这一点就更加明显。刀具经常与日常仪式有关，这一现象可能也说明刀具不仅仅是一种身份地位的象征。埃迪克斯山的61号墓中葬着一名女性，年龄大概30岁，下葬时带着一捧珠子和一把看起来不起眼的刀，很可能是其子女记忆中她用来准备食物时使用的那把刀，也可能是她做针线活时用的，也许每天带着这把刀是对她自卫能力的无言之证，也可能是她独立人格的象征。当然，是否真的如此，我们无从得知，但这些刀具打开了一个重要窗口，让我们看到了个人与其日常物品之间的关系。

胸针与珠宝

刀具可能在男性和女性墓葬中都会出现，也会出现在人们的生活场所中，但胸针和珠宝与刀具不同，它们几乎只出现在女性坟墓里。在一些英格兰风格的胸针中，多达40%都是破损的，有些带有修复痕迹或是经过二次改造，这说明它们是备受珍惜、频繁使用的个人物品。大多数胸针的制造地我们不得而知，而少量的制造证据[如在埃塞克斯马京（Mucking）的下沉式建筑中挖掘出一个模具碎片、少数铸错或未铸完的胸针，以及十几个铅铸模型]与已发现的数千种文物类型不相符。所以，我们推测这些胸针是零星制造的，而且是在普通定居点的露天场所制造的。在瑞典东部像海尔格这样可能与皇家有联系的中心地区的遗迹中，有成千上万的胸针模具。类似的珠宝在苏格兰中部地区的生产规模较小，比如马克的莫特（Mote of Mark）[1]。但是这些都只是个例，这种密集手工制造的兴起往往与远途交换的证据同时出现，但这种迹象目前仅发现于精英阶层。

与刀具一样，墓葬中的胸针也体现逝者的人生意义。在社会秩序中，性别、年龄和地区身份的复杂交集至关重要，而胸针使这种社会秩序在视觉上突出、物质上切实可见。事实上，特定款式的胸针与年龄密切相关，一些年老女性仍然佩戴着青春期时得到的胸针，

---

1 马克的莫特（Mote of Mark）是一座5世纪的山堡，这座堡垒俯瞰着乌尔河口，在6世纪被占领，7世纪被大火烧毁。——译者注

因为其中承载着她们的回忆。例如，在林肯郡克利瑟姆（Cleatham）的30号墓穴中，埋葬的是一位逝于20多岁或30多岁的女性，下葬时盖着一件大羊毛斗篷，胸前别着两个大的铜制十字架胸针。在这件斗篷下，她还穿着另一件斗篷，上面有第三枚十字架胸针，这枚胸针可能是从外面的那层斗篷闭合处漏下去的，但也可能是有意藏在此处，除了为她穿这些衣服的人之外，其他送葬者肯定不知道。在第二件斗篷下，她穿着一条帔络袍（peplos）[1]，肩上还系着两个十字架胸针，这两枚胸针样式似乎略显老旧，好像是在她十几岁时得到的。这种罕见的例子让我们能追溯出逝者的生平往事，类似的情况还可能出现在同时期的其他墓葬中。

陶器

我们往往认为中世纪早期的陶器表面粗糙、易碎，不易保存，而且有段时间欧洲大部分地区还不生产陶瓷，所以这部分陶器只与个别地区有关。因此，在讨论这一时期的陶瓷器皿时，往往不涉及它们的保存方法、使用寿命、便携性和生产规模。除了墨洛温王朝时期，陶器都是手工制作的，人们选取当地粗糙的材料，将其低温烧制成陶器，数量不多，只出现在周边地区。在英格兰埃塞克斯的马京（Mucking）定居点，发现了15块疑似法兰克器皿的碎片。虽然数量很少，但对于那个时期而言，这个数量算多的了。在那个时期，英国西部和爱尔兰只有少量来自北非和地中海的存储器皿及餐具，到了6世纪后期和7

---

1 帔络袍：公元前500年左右在古希腊和古典时代晚期确立为古希腊妇女具有代表性的女士长外衣。——译者注

世纪，它们就被法兰克器皿取代了，但数量不多，所以很难说是日常物品。

在英格兰东部和德国北部的火葬墓地中发现了几千个骨灰盒，这些容器在被用作骨灰盒之前，可能用作其他用途的时间更长。它们都属于北海居住区常见的器物，用于日常生活和墓葬中。根据英格兰东部火葬墓地这些骨灰盒磨损痕迹来看，它们在被用作骨灰盒之前都曾另作他用，因为其磨损情况与酿酒或涂抹黄油的器皿磨损痕迹一致。而且这些骨灰盒经常带有铅塞，据推测，曾经有人在完好无损的容器上钻了孔，也许是为了方便倒酒，之后再用铅塞将孔堵住以便重复使用该容器。在墓地中发现的器皿特点突出，往往带有装饰——几何和图画印章、浮雕及隆起的蜿蜒的线条。而在定居点遗址发现的碎片通常没有装饰，同样，在萨福克（Suffolk）西斯托（West Stow）发现的碎片多达98%没有装饰。那些在家中摆放的器皿通常并不是出于装饰目的，而可能是有特定的功能，使其适合用于丧葬。反之亦然，如果人们事先知道这些容器未来会装自己的骨灰，他们在日常生活中使用这些容器时就会有所顾虑。器皿会因不同用途而被人们赋予不同的意义，与日常生活和丧葬仪式相关的物品突出了日常物品的历史特点和其他特征。

我们必须承认，从这三个例子中可以看出，在罗马帝国分裂后的几个世纪里，人们的生活与日常物品紧密相连。东罗马帝国的基础设施促进日常物品的大规模生产、运输和交换，而前西罗马帝国所在的地区在没有这些基础设施的情况下显得有些不同。要解释物品传记之间的复杂关系，我们就必须了解这一时期具有代表性的本地化生产区域和社会地位的构建方式，明确年龄、性别和人物的社会地位。这些新兴的社会组织涉及各个层面的日常物品。由于这些物品是在高度本地化环境中创造并使用的，所以适用范围受限并可以被长期保留。

经济网络与转口货港

随着时间的推移，农村地区定居点网络发生了变化（见第三章）。7至9世纪西欧从事特定社会活动的定居点成倍增加，虽然这些定居点的人口占比很小，但其影响非常广泛。这些新定居点建起了纪念厅，出现了举行仪式的场所，能进行贵重金属加工，出现这些变化可能与这些定居点出现了国王和其随从人员有关。教会中心也成倍增加，特别是自7世纪初起，在北法兰克、爱尔兰和英格兰的修道院基金会数量大幅增加。但商业中心才最能代表人们定居点的形式，如北海周围的手工业生产和贸易中心，同时，波罗的海、地中海和亚得里亚海（Adriatic）中也有类似的地方。商业中心不仅促进了物品和原材料的广泛传播，还通过交易物品的初步商品化激发了人们对物质世界的新态度，促进了人们对遥远地区的了解及新兴资源的传播。商业中心在吸收外来物品的同时，还给经济和社会提供了更多选择。这样一来，商业中心就将广阔世界与人们小范围的家庭日常生活融合在了一起。此外，这些转口港还带来了新的生产和消费态度。它们引进了牛角和羊毛等原材料并制成成品，还回收像碎玻璃这样的物品并将其改造成新物品。因此，商业中心是材料转化的中心，人们可以从那里获得商品交换原材料，甚至还可以参与到手工转化的过程中。

尽管在斯堪的纳维亚半岛和波罗的海周边地区的墓葬中仍能发

现日常物品，但像胸针和刀具这样的物品在其他地方的墓葬中已不常出现，到了8世纪，墓葬中只有裹尸布和石头这样的非日常物品。因此，这一时期的绝大多数日常物品都来自遗失物品或废弃品，与之前几个世纪明显精心策划的葬礼物品组合完全不同。基于此，人们可能会认为，从7世纪后期开始，日常物品的价值、人们对日常物品的理解以及人们之间的关系都发生了巨大变化。区分可转让和不可转让物品的本体论框架为研究这一变化提供了有力工具。在这一时期，由知名人士在当地制作的家庭用品是相对不可转让的，而通过购买和礼物交换进行易主且可能会被放入墓葬的物品，可以转手。这些可以被转手的物品一般是普通人制作的，既可以从其他地方获得，也可以通过易货甚至货币交换获得。很难说这对物品的概念意味着什么，但这至少表明物品具有更易变、更易流通甚至可转化的应用价值。宏观经济学对此事的观点得到了广泛讨论，但日常和本体论方面的影响则讨论得较少。

熔岩磨石

在莱茵兰埃菲尔发现的磨石是用火山玄武岩制成的，这也是通过远距离贸易网络进入日常生活的物品中最出人意料的一种。这种熔岩石可用作磨石，在平常百姓家中用来碾磨谷物。虽然这些玄武岩熔岩是首选材料，但也可以用当地的石头来制作磨石。很可能是熔岩本身有明显的颗粒质地和不同寻常的外观，使它们与众不同，在西北欧受到追捧，从而大量进入商业中心。在商业中心，火山玄武岩起初是被当作"毛料"进口以转化为成品，再分销到荷兰、英格兰、德国北部和日德兰的农村地区的。

尽管几个世纪以来，其他各种外来物品一直在欧洲各地流通，但往往都是小物品，常常用来体现个人身份（如琥珀）。从熔岩磨石的大量出现可以看出，人们开始追求高效地完成日常工作，并开始寻找外界更加实用的物品来帮助他们提高效率。尽管这些石头漂洋过海，但它们并不是唯一的。在萨福克的布兰登（Brandon）这个不起眼的农村遗址里，几十年的堆积碎片产生了超过52公斤的熔岩石块，这说明日常物品越来越具有可随意丢弃和可转让的性质。获得类似熔岩磨石这样的物品已经成为一种社会和经济选择，已不是只有精英阶层才能获得这类物品，但也不是所有人都能得到。这类物品用途多样，并发展成日常工作的重要工具，说明中世纪人们的思维方式可能有些细微变化。磨石在家庭生活中十分常见，锯齿状磨面发出的独特声音、新磨面粉的香气甚至是令人疲惫痛苦的肢体酸痛都强化了磨石的存在感。虽然这些日常活动都是人们下意识的反应，但它的确给家庭生活带来了深刻影响。

陶器

商业中心不仅用作转口货港，还会生产适量商品。7世纪后期，英格兰东部重新建立了永久性的陶瓷产业，其中最早是在伊普斯维奇商业中心的郊区。伊普斯维奇的陶器通过陶轮制作，然后放入窑中烧制而成，其生产规模是自4世纪罗马工业以来所独有的。伊普斯维奇生产的陶器在英格兰东部随处可见，在约克郡和肯特也被广泛使用，还出现在各个社会阶层的遗址中，说明这种陶器极其受大众欢迎。这种陶器品质更好，更加耐用，不仅代表着人们的选择和社会的发展，而且它的传播还与伊普斯维奇陶工建立起联系。

尽管伊普斯维奇地区本地的粗陶到9世纪末也几乎停止了生产，但伊普斯维奇的陶工仍模仿其形式，甚至有些陶器上也印有类似的印花装饰。这些具有精湛先进手艺的陶工并没有顺应潮流，仍然按照传统风格制造陶器，同时，人们也在习惯去使用进口陶瓷。在南安普敦发现的陶瓷组中有18%是进口陶瓷，从对商业中心商品的分析可以看出特定区域之间会持续存在一些细微差异，其中一些地区能获得更多的进口陶瓷。

　　这种差异在商业中心居民和农村居民之间更加明显，因为后者很少接触到进口陶器。这些差异看起来很微妙，但我们必须用平常眼光来看待它们。在这个世界上，相比于机器，有些手工制造的陶器拥有其独特的对称感，还有些陶器表面虽然凹凸不平，却别具一格；一些陶器在烧制时闪烁着灰白色光芒，而另一些则呈现出和土地一样的棕色，有些用木勺敲打甚至会发出不同的声响。因此，类似炖锅这种平常物品的日常使用就使人们产生一种"家"的感觉，同时也能凸显出城市和农村之间的巨大差别，即使这些区别刚刚在当时的西欧地区萌芽。

硬币

　　第三章已经讨论了作为一种经济物品的硬币，但在5至7世纪，这些硬币通常被女性作为个人饰品佩戴。虽然绝大多数以这种方式重新利用的硬币是古罗马发行的，但当时欧洲大陆上的人们也给硬币打孔，串在项链上或戴在衣服上。这样一来，硬币可能会同时在个人和经济领域发挥作用，而且可能还在一定程度上作为英格兰和法兰克及其他地方女性的身份象征。

5、6世纪，高卢、西班牙和意大利的许多铸币厂仍旧发行晚期罗马金币。虽然它们作为货币使用时主要限于南欧，但像特雷米西斯（tremissis）[1]这样的硬币偶尔会跨过莱茵河进入英格兰东南部，它们被装上环或穿孔作为吊坠佩戴，即便当地已经建立更加完善的货币体系，此做法仍然一直存在。7世纪的英格兰铸造了少量司雷萨斯（thrymsas，大陆特雷米西斯的仿制品）[2]，但这些高价值的硬币并不能在日常生活中使用。到了7世纪末，在法兰克及其他地区，金币很大程度上被银制的希特币（sceattas）[3]所取代，这些货币对北海周边地区的日常生活产生了更大的影响，因其经常在商业中心使用，两种硬币几乎被等同看待。

希特币的发行通常高度本地化，其中在北海周围发现的所谓"豪猪"系列（"porcupine"series）非常特别。更具代表性的是与东安格利亚、诺森比亚（Northumbria）、苏塞克斯（Sussex）和威塞克斯（Wessex）有关的系列，以及另一个与里贝的商业中心有关的系列。虽然这种本地的做法可以增强人们的认同感和归属感，但这些早期硬币大多连铸币厂的名字都没有，更不用说国王的名字了。所以，呈现在我们面前的是一系列有奇怪图案的货币，有啄食的鸟，有爪子和下巴扭曲着的蛇，闪闪发光的胡子脸，以及大量难以辨认的形状和符号。事实上，仔细观察可以发现，大多数图案都与基督

---

1 特雷米西斯：古代晚期的小型实心金币。——译者注

2 司雷萨斯：7世纪盎格鲁－撒克逊英格兰铸造的金币，是墨洛温王朝的三元银币和早期罗马高含金量硬币的复制品。——译者注

3 希特币：盎格鲁－撒克逊时期铸造的一种小而厚的银币，通常重0.8—1.3克。——译者注

教有关，这使希特币成为皈依的用品，甚至用来布道，因为它所表达的内容对使用者的解读没有识字要求，是通过一些人人熟悉的图案来表示，如在藤蔓上筑巢的鸟儿，这既神圣又普通。

这些例子表明，通过改变对现有物品类型的认知和使用方式，将新的物品类型引入到日常生活中，给商业中心带来了影响深远的变革。人们还可以说，正是对这些物品的认识和对进入更广阔世界的需求，使得商业中心大为成功。这些新场所的出现，以及常出没于此的商人和手工艺者，在一定程度上转变了我们在解读这些场所的物品如何与外部世界产生联系这一问题上的看法。有些场所是众所周知、经常被人造访，另一些则有些另类，少被人光顾。但事实上，很多地方的日常物品并不是在商业中心里制造的，也无法通过贸易网络获得。正如第三章所述，那些较大的转口港和贸易港仅限于海上业务。

物品、城镇与市场

在9至11世纪，西北欧城镇的发展规模超过了商业中心的规模，相比之下，其发展过程受到更多限制，所以只能通过农村生产最大化，来准备大量的农产品和原材料。尽管发展所带来的这些改变影响了农村人的日常活动，但从考古学角度来看，在农村和城市发现的日常物品种类没有明显区别。然而，在这几个世纪中，城镇在日常生活中具有不可替代性，使其成为当地生产、贸易和政府机构的中心场所。由于城市产品向农村日常生活的渗入，减少了两地之间的差异，家庭手工业便显得无足轻重。

就日常生活而言，9至11世纪的特点可能是过去那些从事自给自足的农业生产的人口开始拥入城镇从事各种专业生产。城市专业化生产的物品日益体现了产品专业化的特点。这些物品满足了人们对物品实用性的要求，即不追求物品功能的多少，而是注重它们特定的用途（见第二章）。新兴容器最能体现出这一点，它们有自己特定的用途，比如有些用于准备食物，有些用于储存，有些则用于日常使用，这些容器都能在城市市场中买到。这些新容器样式（如下所述）将备餐和进食的方式转变为更复杂和更具体的仪式。新容器的出现改变了人们居住环境的建筑结构，不同于前几个世纪，人们开始在独立的空间里准备食物，这为后来厨房的出现奠定了基础。很难说这种做法在社会等级制度中的影响力有多大，但是在汉普郡（Hampshire）的法科姆内瑟顿（Faccombe Netherton）遗址中，其附属建筑内有三个炉灶，可以用来烹饪大餐。毫无疑问，人们将以最新的加洛林时尚为灵感，将不同的食物放在特定容器中。与前几个世纪的烤肉和肉汤相比，复杂的烹饪方法使食物变得更加高级、美味。与此同时，城市地下牛羊骨头的沉积物表明，由于城镇牧区的减少，像牛津这样的城市中心开始成立商业屠宰场。这一时期人们首次使用苦涩而芳香的酒花来制造啤酒，但这一制造方法的出现并非巧合，而是缘于人们可以在市场上买到更具异国情调的商品。因此，这一时期"味觉"一词所承载的意义超越其字面含义，该词也反映出当时日常用品的工艺进一步优化，城市生产更新，物品交换种类更加丰富，这一进步反映了当时各定居点经济日益发展，物品种类不断丰富。

陶器

从10世纪起，尽管农村工业在一些地区仍然存在，例如英格兰南部，但城市工业已成为城镇和乡村居民的主要陶器来源。在英格兰米德兰（Midlands）北部有几个大的城市制陶业，但其工业生产的技术都来自加洛林王朝。新的城市市场出现了新的陶器样式，其具体样式与功能相关，有烹饪锅、碗和盘子，有喷壶、水壶、喷碗、套碗、腰挎水瓶，还有各种各样的大容器。这些陶器价值相对较低，其生产分布在制造中心的附近，一般只有大约48千米。不过，斯坦福德陶器（Stamford ware）是一个特例，它们还出现在9至13世纪的英格兰，因其材质耐火而备受欢迎，此特性也适合制造灯具。我们不应忽视家用灯具的再次兴起，这些灯具还暗示了人们的夜晚生活开始出现变化。在格洛斯特郡（Gloucestershire）伯克利（Berkeley）一家从10世纪到11世纪的老铁匠铺中发现了三个这样的灯具，这不仅揭示了灯具的实用性，还揭示了灯内燃料（在本例中是猪油）的出现是如何推进生产制度变化的。我们可以想象，相对于闪烁的火光，在油灯的稳定光线下，不同的纺织品、陶器和金属工具在夜晚看起来是什么样的，而且这种新的技术会减少烟雾和刺鼻的气味。许多斯坦福德器皿都有光亮的铅釉，在哑光质地的家用器皿、纺织品、木材和石膏制品的衬托下十分引人注目。那些英格兰乡村中的普通家庭因这些器皿的使用而变得更加温馨。

装饰性金属制品和珠宝

8世纪时装饰性金属制品相对匮乏，之后的9世纪至11世纪出现了一系列服装配饰，有胸针、皮带头、饰针和马具。特别是那些用于制作日常服饰物品的新兴材料，对饰品的设计有很大的启发意义。例如，在胸针上频繁地使用彩色珐琅图案，这种做法在整个11世纪的奥斯曼帝国都很流行。这些时装在其他地区广泛传播，与早期国际趋势相呼应，时尚开始复苏。

另一方面，人们开始用质地更柔软、价格更便宜、颜色更深的铅合金大规模生产胸针。这些圆盘胸针价格便宜、质地粗糙，印有从硬币上模仿来的图案，深受当时伦敦居民的欢迎。虽然自5世纪以来，硬币一直是中世纪服饰的一大特征，但用铅来制造硬币让我们怀疑这些硬币是否一定是财富的象征，还是珍珠饰品和有十字架图案的肖像画才是真正的财富？像珐琅胸针一样，铅合金圆盘胸针也体现出了11世纪大都市的时尚特征。因为早期无法进行大规模生产，也无法满足国际供应的需求，所以这些饰品还体现了供求经济的发展对人们日常着装的影响。这些胸针并不一定是模仿11世纪伦敦精英们的穿着，而是代表了一种前沿、民主化的城市时尚。它们体现出了身处世纪之交的人们不断变化的品位，这在早期是很难发现的。此外，从城市地下的垃圾沉积物中可以看出，这些胸针曾被丢弃，这与5个世纪前墓葬中那些摆放讲究、有修复痕迹的老旧胸针相比，截然相反。

农村与城市：日常生活和娱乐

12世纪到14世纪，城市的持续发展带来了巨大变化。随着人们识字水平的提高，政府的相关机构也逐渐建立起来。人们不需要靠日常物品去传承历史、记忆过去，这些记载历史的工作可由政府的相关机构去完成。生产性行业的扩张、集中和持续多样化扩大了日常物品的适用范围，其数量也开始激增，这一发展与前一时期的商业产品密切相关。城镇成为原材料、产品及人口流动的中心，人们在年轻时常常去城市里打工。由于城市的不断发展及农村打工人口的拥入，日常物品的流通变得更加本地化。就生产日常物品的地方而言，随着生产规模的不断扩大和生产的机械化，城市地价上涨导致一些行业离开城镇，再次改变了产品的生产路径和价值。生产场所、物品和服务之间的关系变得更加灵活复杂，人们作为劳动力因素进入相关生产领域，工业产品进入城市市场，如此反复，吸引了越来越多的人投身到工业生产中去。因此，人们可能会认为，这些日常物品的流通有助于城市人口整合，但是由于流通速度过快，乡村和城市之间的人口分布差异越来越大。事实上，在梅奥尔斯村（Meols）发现了与伦敦几乎相同数量和种类的材料（见本卷第三章关于沿海社区获得商品的渠道）。

纺织品与服装

11世纪、12世纪的服饰相对低调，在随后的几个世纪里，由于城市市场和生产规模的扩大，服饰配件的种类也更加丰富，而且更容易买到。事实上，到了14世纪末，服饰变化相当大，融入了更多的金属配件，例如纽扣、别针、蕾丝标签和胸针，以一种夸张新颖的方式重塑了中世纪人们的审美。年轻男子缩短了上衣，从视觉上将腿的比例拉长，并将他们的鞋子加长成滑稽的克拉科夫鞋（crack-owes）[1]。更为粗俗的是挂在腰间的睾丸状匕首，男性通过这种做法来展示自己的阳刚之气。人们还会将徽章缝在衣服上作配饰，如果是

1　克拉科夫鞋：一种在15世纪的欧洲非常流行的鞋子，带有极长的鞋尖，人们认为这种风格起源于当时的波兰首都克拉科夫，所以以此命名。——译者注

制服徽章，则表示服务于地主，如果是在圣地和其他朝圣地点领取的徽章，则表示虔诚。人们对身份地位的展示越来越重视，为了打击人们的虚荣不良之风，13世纪欧洲各地开始颁布禁奢令，以此来维护社会安定。这些法律规定了特定等级服饰所用的材料、颜色和风格。因此，12世纪至14世纪，日常和宫廷服饰不仅象征着日益固化的社会等级，也是人们展示身材、提高地位的重要媒介。

这一时期农村家庭的日常活动发生了很大变化，最主要的原因是地主的权力越来越大，他们想最大限度地提高庄园的农业生产效率。在英格兰，为了取缔手工作坊，地主试图强迫农民使用机械化磨坊。从此，家家户户不再使用磨石，这种精英阶层对普通百姓的无情统治，也打破了数百年来手工制作的习惯。为了提高效率，即使是当时被人们广泛使用的织布机，也成了盲目追求利润的牺牲品。由于手工织机效率低下，所以要求对它们进行机械化处理。这意味着为了提高农村的生产效率，纺织业也有可能脱离城市。

这个时代的人们不再使用纺织品装饰墙壁和床铺，也不再亲手制作衣服，所以他们开始依赖市场。由于城市的大规模生产方式与家庭手工制造的服装性质完全不同，日常服装被赋予的意义也随之发生了改变。据估计，一件衣服的正常使用寿命只有一年，从伦敦（1500件）和约克（220件）中回收的大量废弃皮鞋间接证明了这一点。但也有一些使用寿命较长的服装或纺织品作为传家宝被列在遗嘱中。不过，这些物品的意义通常都是世俗和宗教仪式所赋予的，如结婚时交换的腰带、异国情调的物品、以嫁妆形式带入家庭的床上用品或家具，或是丝绸发网（silk hairnets）这样的贵重物品。换句话说，特殊的仪式将纺织品融进人们的生活，而以前，这种联系要通过家庭的生产环境才能建立起来。

　　尽管如此，纺织生产的某些方面仍然是家庭关注的问题。虽然考古中关于织机砝码和打针器（pin beaters）的记录越来越少，但纺锤轮仍然很常见，在约克的科珀盖特（Coppergate）等地发掘出了七十五个纺锤轮，这表明纺织行业大致起源于乡村城镇的平常百姓家。纺锤轮是一种特殊物品，通常是用骨头、石头、回收或特制的陶瓷制成。中世纪时期的铅纺锤轮制作过程更为复杂，因此相对罕见，但13世纪至15世纪的铅纺锤轮上有装饰图文，非常有趣，尤其是上面经常出错的铭文，那是一种咒语，还特别提到了圣母玛利亚。在当代文学艺术中，制作纱线的行为与圣母玛利亚有着非常明确的联系，因为纱线象征圣婴耶稣（Christ Child）的生命。在那个时期，纺锤轮有时会被放在坟墓中，这也体现了它们与家庭和特定个体之间的密切联系。

玩具与游戏

　　越来越多的证据表明，当时人们之所以大量生产玩具，是因为金属合金的价格便宜，但也有可能是人们的育儿观念发生了改变。从7岁起，儿童开始参与劳动，如纺织、陶瓷生产和军事训练。但这个年龄段的孩子都很贪玩，根据英国验尸官名册可以得知，有60%的6岁儿童死于"玩耍"。虽然这让人质疑这些游戏究竟是什么，但经过历史和考古证明，玩具相对来说是无害的。旋转陀螺从11世纪开始就为人所知，在英格兰的农村和城市地区也发现了数量惊人的"嗡嗡骨"——一种在拉伸线之间旋转的旋转圆盘。然而，从13世纪起，法国、低地国家和英格兰最有趣的玩具则是一些日常物品和廉价的小型金属雕像。

　　这类玩具大多数分为两类：骑士玩偶和家用器皿。骑士们的着装风格是始终如一的。各种微型容器都受到了最新潮流的影响，包括12世纪后期的三脚壶和手拿壶，以及13世纪和14世纪的梨形水壶和大锅。在英格兰，这些物品绝大多数都是从泰晤士河滨收集的，这里也许是孩子们嬉戏玩耍的地方。如果说那些骑士玩偶是为男孩准备的，那么这些容器则是为女孩准备的。它们其实就是根据孩子的性别来规范其行为的教育工具。然而，尽管我们假设已知中世纪的性别分工，但我们缺乏背景证据来支持这一假设。不管它们隐含的性别关系是怎样的，那些被模仿的特定容器都很有启发性。中世纪时桌子中心摆放的装饰性水壶，还有其他能够象征身份地位的容器，都代表了家庭本身的身份，因为它们使用寿命长，甚至可以超过人的寿命，所以可以代表整个家族的身份。此外，作为一种日常物品，家用器皿也是家庭仪式的组成部分，分享食物、定期地举行宴会等，都将家庭紧密地联结在一起。

　　大规模的批量生产不仅给人们带来了新的日常物品，还改变了人们的价值观和社会行为，比如身份地位的表现方式，以及人们对事业表达忠诚或对上帝表达虔诚的方式。物品是影响文化发展的原因，同时也是文化发展的产物，因此从这点来思考物品的意义会更加清楚。那些刻有祈祷词的物品最能体现物品对社会变化的影响，正如服装的剪裁可以增强男性的性欲一样，儿童的身体和思维也受到玩具的影响。尽管日常物品的商品化程度越来越高，但作为社会的组成部分，受世俗和宗教仪式的影响，它们有着十分广泛的应用范围。尽管人们以不同的方式利用物品，但正如先前的例子所表明的那样，这些世俗物品自始至终都在人们的日常生活中发挥作用。

结语

研究这些日常物品的难点在于他们往往与其存在时代的特殊环境相联系，要结合这些时代背景才能将其复原，而藏于考古底层或存于博物馆的古物并非寻常物品。因为我们研究的这些物品包含遗失物、破损物和圣物，种类多样，所以在研究时参考相关记载十分重要。最终，这些日常物品与其所处的环境相结合为研究当时的物质文化提供了线索。生产和交换的环境变化造就了不同的日常物品，这也是中世纪物品种类丰富的原因所在，多种多样的中世纪物品也蕴含着历史意义，这些物品生产的时间和地点都不相同，因此对其生产地的了解程度会影响我们理解物品所具有的意义和作用。例如，其中一个重要主题是，中世纪家庭中所使用的各种物品如何改变人们对世界的观念。从这个意义上说，日常物品浓缩了人们对世界的认知，充当了表达思想和实践的物理媒介。

人们一般认为，中世纪的日常物品所讲述的故事都是关于一个不断扩大的世界的。这个世界的互联性日益增强，使资源和产品更容易在欧洲内部流动。这样欧洲作为一个概念实体就被建构起来了，同时引导了现代消费革命。如上所述，外来材料的兴衰在这些世纪中以非线性的方式发生变化，研究这些过程需要区分几种不同类型的外来物，即从家庭外部生产到城镇制造，还有那些来自更遥远的地方的。因此，与其讲述变化，不如更准确地反映这些日常生活空间的持久不变，以及这些日常物品本身的功能、意义和价值，这些比讨论变化更有意义。考虑到这一点，我们可以发现，5世纪一个每天用来搅拌黄油的罐子后来可能成了基督教公墓中的骨灰瓮；14世纪的一个纺纱机后来成了教堂墓地中作为陪葬品的纺锤轮。这两件物品都通过其在日常仪式中的含义，以及在家庭环境中的日常使用，获得了非常特殊的意义。当然，这在一定程度上受到了一些因素的影响，这些因素涉及壶的制作地点或是在纺锤轮上刻了一个神奇的符咒。但最终这两件物品都发挥了类似的作用，让家庭空间成为一个家，并引导它们的使用者按照特殊的思路去思考他们的家及其成员。

那么，在中世纪日常物品的杂乱材料中，是否有一种类别能够揭示中世纪人们对世界及日常琐事的固有态度？有一些反复出现的主题能够说明这一点，那就是家庭。如果说家庭为日常物品提供了重要意义和价值，那么这种价值在中世纪之后就慢慢消失了，因为当时工业繁荣，越来越多的进口商品涌入寻常百姓家。随着国内商品被取代，国内的劳动力也受到影响。虽然到目前为止，许多日常物品都来自当地市场，但在制造业出现之前，国内社会的生产标签常常伴随着噪声、难闻的气味、身体的疼痛和辛苦的汗水，还有人们完成工作后的满足感和自豪感，以及从失败中吸取的经验教训。

第五章

艺术

器物的力量、存在与生命力

汉斯·亨里克·洛夫特·约根森

重唤中世纪艺术品的生命力

今天，我们称之为"艺术"的物品在中世纪受到高度重视，原因不一定是它们的美学价值。人们之所以会崇拜这些东西，不仅因其艺术性和良好的做工，还因为这些物品本身就包含某种宗教的神圣属性。它会给人带来某种救赎的力量，让人心生敬畏，唤起对祖先的某种追思。这些因素与现代意义上的审美价值融合，物品被赋予精神价值，用于宗教仪式，又或具有道德说教属性，抑或具有纪念意义，甚至可以驱魔辟邪，治疗疾病，为拥有者带来好运。尽管其美学价值已经足够吸引世人的目光，但其中所蕴含的精神力量更能在世俗和宗教社会中发挥巨大作用。

中世纪艺术品是具有生命的，能够与参观者、使用者和佩戴者产生互动，笔者将在本章探讨它们的作用和功效，展示其"物性"

与"人性",其中"人性"的一面是重点,当它们与人产生互动时,就被赋予了人的属性。为说明此概念,本章中笔者挑选了具有代表性的中世纪艺术品案例,展示了其互动的方式,并追溯其物的特性,其中包含装饰书、文物、画像、自动装置和旗帜。这些物品来自不同地区,产生的时间也各不相同,尽管以上例子不能完全涵盖中世纪视觉文化的方方面面,但之所以选择以它们为例,是因为这些物品具有代表性,并且中世纪人们普遍认为物品具有潜在的生命力,也彰显了中世纪艺术品的生命力。

然而,概念的清晰划分本就不是一件简单的事情,对"中世纪器物"这个概念的界定,也必然会与一些相近的概念产生重复和交叉。本章所选例子既包括与教会有关的神学方面的探讨,也包括与宫廷有关的世俗文化的研究,是东西方文化的碰撞。中世纪晚期大多数艺术品都诞生于精英阶层、教会或修道院。当然,较低社会阶层的个体也对"艺术品"这一概念的界定起了至关重要的作用,他们是教会成员、大规模朝圣活动的参与者和王国臣民,直接或间接地见证了物品的力量,服从并维持着这些物品的权威。这些艺术品形象地描绘了耶稣受难的十字架,将它们放在牧师、修士、幻想家、军阀或潜在的皈依者面前,基督受难的故事慢慢地在整个社区传开。

中世纪器物中的多种属性

中世纪艺术品在一定程度上展现了当时多元文化价值体系的融合,正如安伯托·艾柯(Umberto Eco)所说:

中世纪时期的人们对器物的选择既不来源于极致的艺术价值追求,也不是纯粹的自然选择……然而这种器物取向让我们难以理解中世纪时期所缺失的对美（拉丁语为 pulchrum, decorum）与实用（拉丁语为 aptum, honestum）的区分，这不仅源于他们对艺术批判的缺失，也是因为他们对道德和审美的高度统一。在他们看来，艺术品的生命是不可分割看待的整体。

本章展示的物品也是基于这样的价值观点。在单一的价值观体系中，人们以一种整体的观念理解感知各种器物。我们或许可以将艺术和艺术属性统称为"综合物性"，而不是一个分割的本体论范畴，如某些生活领域的个性特征。一件美好的事物必然也是装饰精美、制作精良。

这种既追求物品的功能性又追求物品的艺术性的特点深深地影响了中世纪器物的制作，对中世纪复合媒材[1]的流行有着深刻影响。这些可以称之为艺术品的中世纪器物极具美感，也为使用者带来福音。在我们从文献中探寻器物的艺术性和实用性的融合之前，我们先用基督教手抄本（the Christian codex）来形象地说明一下。这本手抄本写满了有关圣经、启示录、教义、信仰的彩色文字、释义、微型图画等内容。是用染色羊皮纸制作的，弥漫着奢华的艺术气息。上面嵌有黄金和宝石。与现代化大规模印刷生产的图书不同，在那个时代，一本书的问世本身就是一件重大的事情，有着特殊的意义，就像是先知们通过逻各斯（logos）[2]向人们开启了圣经文化的大门一

---

1 复合媒材：也称综合媒材，在视觉艺术领域中，是指一种混合运用多种材料的创作形式。——译者注

2 逻各斯：是古希腊哲学、西方哲学及基督教神学的重要概念。在古希腊文一般用语中有话语的意思，在哲学中表示支配世界万物的规律或原理，在基督教神学中是耶稣基督的代名词。——译者注

样。上帝之言（the Word of God）也是以这种制作费用极其昂贵的方式传播的，这种方式也是一种具体的高度赋能媒介，有时它也被用作护身符。《伯托圣礼式书》（*Berthold Sacramentary*）做工精美，以博登湖（Lake Constance）附近的魏因加藤（Weingarten，位于德国）本笃会修道院（the Benedictine monastery）的院长命名，可能在1215年至1217年受这位院长委托编撰（图5-1；摩根图书馆MS M.710 The Pierpont Morgan Library, MS M.710）。它是手稿制作组合工艺的重要丰碑，被人们视为罗马式艺术中最耀眼夺目的瑰宝。这本书体量庞大、内容丰富，除了精美的画作以外，还附有大量绚丽多彩的图画字母，它们通常用于展示耶稣幼年、受难或殉道追随者富于表现力的身体。作为一件仪式用品，这本书经常在大弥撒、礼拜盛宴、宗教游行及由伯托修道院院长亲自主持的玛丽安仪式（Marian ceremonies）上使用。作为耶稣基督的献礼者、监礼者和教宗，伯托修道院院长本人也被画在镀金的圣礼式书上。院长上面是一位身着珠宝的圣母，她居高临下地抱着圣婴坐在智慧宝座（拉丁语为 *Sedes sapientiae*）上。

这本华丽的宝典会在吟唱或诵读经典的仪式上被人们看到，有时也会被陈列在祭坛上。这本圣书体现着神性，是神的化身。封面镶有宝石、水晶、金银丝等饰品。圣母玛利亚头戴皇冠，周围环绕着天使和修道院的守护神。四位曾见证了其生育耶稣基督的福音传道者也环绕在她的身旁。那四位传道者也就是后来的福音书的作者，在这本圣书中被形象地展示出来。人们在后来做弥撒时，也可以形象地在脑海中浮现出他们的音容笑貌。书是由动物的皮做成的，可能是牛皮，也可能是羊皮。

图5-1　基督教手抄本，综合了标识、意象和语料库

这本书的封面由橡木制成，厚32毫米，金属制品和木板之间有微小间隔，间隔的中间似乎有强有力的物质支撑着。它是一件杰出的基督教物品，用途多样。

这本手抄本体量极厚。从某种意义上说，它是魏因加藤最珍贵的遗物，被存放在一个同样奢华的圣物箱中，由修道院院长保管。

生命美学与接受神旨的艺术家

上文展示了一件极度奢华的器物，集物质、工艺和精神为一体。现在我们将目光转向器物的概念基础，这些器物的概念基础由中世纪有关艺术构思和创作的观点构成。我们可以引用《论多种技艺》（*De diversis artibus*）作为物品属性之间相互影响、相互融合的佐证，这是一部广泛传播的拉丁文论文或者说技术手册，共三卷，介绍了金属加工、玻璃制作、珐琅制作及书墙绘画中各种视觉艺术的制造方法。据推测，12世纪早期，一位本笃会（Benedictine）[1]工匠僧侣以"狄奥菲利乌斯长老（Theophilus Presbyter）"为笔名创作了这部著作。他可能在康斯坦斯湖（Lake Constance）地区活动，也就是上文提到的圣礼式书所在的地方，并早于圣礼式书成书。

这位谦逊的艺术家在《论多种技艺》中强调了自己的工作有道德用途、令人愉悦且为上帝服务，始终将美学和宗教价值、感官和超感觉性质、物质与非物质条件相结合。但他对统一的世界有着更敏锐的感受力，创造了一种鼓舞人心的世界观，该世界观融合了物

1　本笃会（Benedictine），圣本笃会的成员（member of the Order of the Saint Benedict）是遵循圣本笃的僧侣，也是信徒兄弟会和修女盟会的成员，并且是意大利和高卢中世纪传统修道院的精神后裔。——译者注

品不同的存在状态，与现代世界观不同，它认为不同的有生命物和无生命物之间不能完全撇清关系，彼此区分。

摇摆不定的本体论：物品的生命物质性

因此，中世纪的物品属性并不固定。有时我们可以把它们看作主体，有时又可以把它们看作客体。它们有时看似是有生命的，有时却又是无生命的，可以说是在主体和客体之间摇摆不定。这一混乱的本体论挑战了我们对事物的传统认知。有些文物——尤其是一些画作，栩栩如生，活灵活现，其价值早已超越了其作为"器物"本身的价值。或者，用最近一篇关于中世纪艺术内在生命及表现的人类学评论的话来说，"图画不仅仅可以引起活动或反应，其本身还可以行动。……作为社会生活中的行动者……这个行动系统的目的是改变世界，而不是给世界编码"。在此案例研究中，我们将从物品能动性和附带生命力的角度来评估物品，物品自身能够在事件和场景中发挥真实、强大、有效的作用，而不是单一地发挥一种作用。事实上，如阿萨·米特曼（Asa Mittman）在艾琳娜·格茨曼（Elina Gertsman）的基础上所总结的那样，最近，中世纪艺术史的重大转变鼓励我们更多地思考这些器物上所描绘的故事的本来面目，以及这些器物本身所寄托的各种故事。接下来，我们来看看下一个案例，这是一个很好的例子，它显示了在礼仪和社会生活中，视觉艺术是怎样扮演（或者执行）角色的。

根据卡罗琳·沃克·拜纳姆（Caroline Walker Bynum）的说法，这种被赋予生命力的物品有一个显著特征，即这些物品都是具有物理结构的实体。在中世纪晚期这一复杂而又矛盾的现实中，不可移动的东西本身可能被认为是没有生命和惰性的，但它却拥有一种至关重要的能力，成了卡罗斯所说的"动态物质性（animated materiality）"。图画、形象、感官物品、大众媒体和私营媒体及宗教或世俗物品，都通过明确宣布其固有的"丰富性（stuffness）"或"物性（thingness）"来表达自身的物质性。"不同于现代，动物、植物、矿物、生命体和无生命体的概念明晰、界限分明"，中世纪物质定义并不明确，"有机肥沃的土地在某种意义上也是有生命的"。由于物品分类的不确定，看似不同的物品之间主观上无法明确区分，客观上也无法相互区分开来。在许多情况下，多用途的物品可能会使相反类别的物品特征相互重叠、融合，发生这种情况的例子五花八门，有画像、雕像、祭坛、坟墓、神龛、圣物、遗体、徽章、仪式工具、珠宝、圣物箱、圣室、圣礼、书本和纺织品等。如果一件东西集合了肖像、遗物、圣物箱、护符、钯金及帝国徽章诸多特性，那么这件统一的"东西"是把各类物品融合到一起，这不意味着消除各类物品的特征，而是赋予这些物品以灵活性。无论一幅画或一本珍贵的手抄本被充当遗物或被视为圣物，都可以将物品个体单独区分出来。在讨论下面的例子——所谓的"会说话的圣物箱"时，我们必须牢记这一点。

能动性阶段：能说、能看、能动的圣物箱

"会说话的圣物箱（德语为 Redende Reliquiäre）"是生动的物品，可以作为圣餐面包容器、雕塑、图画、恩典的通道（conduits of grace）和圣洁力量的分配器。之所以如此命名，是因为它们采用了人身体部分的形状来制作——手臂、手、脚、头，材质中可能含有遗物，但不一定与所代表的肢体一一对应。它们被做成肖像，讲

述的不仅有解剖内容，还有它们作为文物载体的功能和行为。因此，手臂造型的圣物箱代表了圣徒伸出的手，传递了圣徒施加力量的能力，用骨肉遗骸制作的手臂或手型圣物箱代表着美好祈愿、疾病预防、恶疾治疗、抚慰触碰、按手之礼、主的意志等具体意义。

很早以前，具象圣物箱的另一种主要形式就大量涌现，通过不同方式使原本无生机的遗物变得生机勃勃，所传递的不再是手臂的交流功能，而是圣人头像和面孔的交流功能。现存最早的是圣弗伊（法语为Sainte Foy，英语为Saint Faith，拉丁语为Sancta Fides）的完整全身像，虽与传统类型不同，但它吸引了大批中世纪朝圣者在前往圣地亚哥德孔波斯特拉（Santiago de Compostela）的途中去法国南部的孔克修道院（abbey church of Conques）。这个圣物箱可能是在公元882年前后获得当地处女殉道者的遗物不久后制作的，为了让她成为著名的"圣弗伊的陛下（Majesty of Sainte Foy）"，人们在公元983年对其进行了改造和装饰，给她戴上一顶镶有珠宝的王冠，并披上教会礼服，这是典型的加洛林王朝后期或奥托王朝时期的金匠作品风格（图5-2）。从9世纪晚期开始，头形圣物箱就作为祭拜物而为人所知，而且比比皆是，现存或有记录的圣物箱超过150件，虽然从10世纪开始，西方教会才有了关于手形或手臂形圣物箱的记录。

令人惊叹的圣弗伊圣物箱装饰物不断被丰富，集大量珍珠和珍贵装饰材料于一身。它不是一件静止的物体，而是一个混合体，是一件不断发展的作品，经历了几个世纪的不断变化，逐渐聚集了礼物、捐赠和财富。起初，9世纪的圣物箱用紫杉木雕刻而成，覆盖其上的金银薄片刻有重复使用的古董凹雕和浮雕，并配有一个古老的

图5-2 圣弗伊的圣物箱形象由黄金、珍珠、珐琅、水晶、宝石、珍贵的遗物和朝圣者的礼物等不同元素组合而成，从9世纪末（该物品后来曾被修改过）广为人知。孔克修道院教堂宝库。摄影：霍莉·海耶斯。版权：霍利·海耶斯或EdStock摄影公司（Holly Hayes/ EdStockPhoto）

金色头像，这个头像可能是5世纪晚期高卢罗马（Gallo-Roman）仪式上的半身像，作为皇权形象供民众瞻仰。这种严格而又权威的正面形象经过改动，睁着用蓝白玻璃制成的珐琅眼睛，以一种神秘的目光吸引着看客，既当下又超然，仿佛圣人能够探底看客的内心深处，又看穿了他的过往。与中世纪早期绘画和雕像中对人物的描绘一样，突出了解剖学中最活跃、最有力的部分——头部是最大的感觉器官，手势传达着强烈的表达姿态，双脚能够引领方向并不断前行。她的泥金头颅微微向上抬起，仿佛是这位殉道者正抬头朝着遥远的天堂望去，在那里她赢得了应有的地位，而她闪亮的脸庞反射着那迷人双眼所感知到的神圣光芒。这尊雕像静止不动，但它带给人的冲击却鲜明生动。这并不是源于任何"现实主义"的尝试，也不是来源于雕像的真实模仿，恰恰相反，它僵硬的姿态和锐利的目光隐藏着一种内在能量，即来自封闭其间的遗物。

这座著名雕像的迷人效果及目光源于其视觉形式和环绕着它的感性期望。正如迈克尔·卡米尔（Michael Camille）所观察的，它反映了视觉射线的概念——所谓的"投射论"——即视觉射线或光束能主动捕捉视觉对象：

孔克（Congues）的圣弗伊雕像散发的闪闪光环，来源于人们心中对魔法和权力的信仰与崇拜，这一点跟帝王画像上所散发的光环有异曲同工之妙。中世纪的光学理论认为，圣灵（spiritus）像光线一样从眼睛中发射出来，照亮周围的世界，因此拜访者真的可以被画像的凝视所捕获。当昂热的伯纳德在欧里亚克（Aurillac）看到圣杰拉尔德（Saint Gerald）的雕像时，他说雕像"似乎以锐利的目光注视着拜访者，有时还仁慈地眨着眼睛答应恳求者的请求"。

伯纳德观察的这座雕像与圣弗伊雕像相似的是，它似乎看到了朝圣者眼中专注的目光，它看起来在点头，回应着他们的祈祷。起初，伯纳德与这些神奇的形象保持着距离，后来又被它们所吸引。他看到了圣物箱华丽灿烂的脸庞，面部表情生动，其迷人的眼睛似乎穿透了那些看着它的人，迫使他们通过其目光的亮度来判断自己的请求是否被听到。

历史诠释生命——意象就是生命

在举例说明中世纪艺术时，平面图画也包含其中，其实平面图画和塑像原则上来说没太大差别。在一种媒材相互混合的文化里，空间和时间维度并没有将视觉媒材的各个类别作为独立的审美范畴彼此区分开。不过，从不同图像的说教或礼拜仪式功能来看，还存在着其他的视觉区别。与中世纪图像理论一致，图像主要有两种形式，一种是一个人的标志性外貌或肖像（古希腊语为 εἰκών，意大利语为 icona，拉丁语为 imago，英语为 effigies），另一种是对事件或行为的叙述（古希腊语为 ἱστορία，historia），但这两种形式偶尔会相互影响或相互融合。一方面，对叙事场景或画面的连续描绘中往往会有几个人物，将圣经神话、传说、史诗故事、盛大仪式、庄严事件、道德故事、圣迹或殉道记录成崇高而富有戏剧性的历史。所描绘故事的图像通常以平面形式展现，所描绘的"主体"通常沉浸在自己的动作、时间和空间中，不直接面对观众或与观众交谈。另一方面，画中象征着神圣和等级的标志性人物如圣人、统治者、医生、布道者、先知、天使或基督圣体等形象会偶尔直面观众。这些有身份的人物要么令人敬畏，要么平易近人，并积极寻求与画面前的观众接触与交流。

作为所描绘的皇室、圣人的绘画替代品，这些形象本身就有可能被视为一种个人存在，如单独的圣像、嵌板、半身像、十字架，或者像圣弗伊雕像那样的拟人雕像，它们展现出许多圣人生活中的动作和行为，刻画出其情感、精神、肉体和生理变化。无论是从心理意义上还是从物理意义上，富有生气的绘画和雕像都能表现出富有生命力的行为。这意味着生命可通过凝视、倾听、说话、哭泣、拥抱、抓握、行走、转身、击打、落泪、流血、哺乳等体现。

简言之，即使这样的区分过于绝对，也缺乏足够细致的差别，但我们仍然可以说历史描述了生活中的偶然事件，这些绘画和雕像又使得历史变得更有生命力。历史记述了漫漫长河中的不同人物，而这些绘画和雕像使这些人物变得鲜活起来。

自动装置、活动人偶及表演木偶

如果一幅画或一件雕塑无法像真人一样活动，那么我们可以通过一些外部的装备和器物来还原画作或雕塑中的活动。这种机械化或自动化的动作模式通过运动技术、设备和舞蹈产生了一种人工或机械的生命。关于中世纪机器人技术的最新研究涉及人像机器、行走的发条小人、带有移动图像的"机器人"装置及类似于动物或机器人运动的液压系统。在希腊，这类移动物品早已广为人知并不断被设计和制作。渐渐地，它们也进入了西方拉丁世界的文化视野，最初是作为表现异域文化的礼物，或者旅行文学、浪漫主义、巫术和自然哲学中的虚构物品，但至少从13世纪开始，熟练的机械师就制作出了实际装置，例如工程师维拉尔·德·奥内库尔的机械动画。

自动装置使宫廷庆典、礼拜仪式、庄严的墓葬和王子花园变得生动起来。以放映图像的形式，通过人工模拟生机勃勃的自然，"自动装置是人类、动物甚至宇宙本身这些自然形式的金属复制品"。图像与生命、机械与魔法、有机与无机物质之间的联系，表面上是自我移动或自我维持的物体模仿着生命本身——"作为栩栩如生的代替物……自动装置再现了身体结构并模仿了呼吸等自然过程……机械人越来越像真人，并集自然物质和人类工艺于一身"。在重力、滑轮和杠杆及复制自然物理原理的液压和气动技术的驱动下，这些类似身体的物品将机械装置与有机体组合在一起。

不断发展的技术、精湛的工艺和巧妙的图像结合在一起，形成了精巧的动画组合，供宗教人士和世俗群体娱乐。在尊贵的城堡里，被称为"ymages（该词为中世纪英语，意为图像）"的拟人化或动物化的娱乐引擎会唱歌、跳舞和喝酒，上演视觉、触觉和听觉的动画组合。在城市和教会中，从12世纪起，基督或圣母玛利亚可活动人像就大量涌现，有关节的四肢、可移动的部件、多变的面部特征、逼真的织物材料，以及隐藏的容器，都描绘了该人像的活动过程。约翰内斯·特里普斯指出，"在这一时期，人们普遍对机械自动装置产生了热情，尤其是14世纪和15世纪，当时几乎每个大城市和大教堂都有此类物品"——这不一定是为了误导或欺骗信徒，而是成了一种祈祷和宗教生活。克里斯托弗·斯威夫特谈到所谓的机器人圣人（robot saints）时写道，"极大地增强了信徒的情感生活"，"会说话的宗教形象是宗教敬拜工具，是科技圣物，结合了机械和宗教两者的奇妙之处……既像人类又与人类不同，机器人将生命与死亡变得模糊不清"。

人形关节赋予化身生命的例子有很多，可能是《哺乳中的圣母玛利亚（Madonna lactans）》（也许赛德纳亚的圣母玛利亚雕像也描绘过母乳喂养的主题）；或者是打开的圣母玛利亚圣龛（Vierge ouvrante）；可能是一个以"会说话的玛丽（speaking Mary，sprekende Marie）"为形象的《圣殇》（Pietà）发声雕像；可能是一位"哭泣"的圣母或《圣母子与圣安妮》（Anna Selbdritt），泪水通过头部的储水处流过管道再从眼睛流出，顺着她的脸颊缓缓流下；可能是圣婴的空心内部，里面有齿轮、枢轴、绳索和金属丝，拉动它们，使他专注地看着观众；可能是一张上帝的面孔，由隐藏的内部机制操作，眼睛开合，舌头在动，嘴角看似"在说话"；可能是一个用肩关节铰接的十字架，在名为《十字架的钦崇与沉积》（Adoratio and Depositio Crucis）的戏剧中用作耶稣受难日从十字架上解救耶稣并将其埋葬的道具；可能是在神秘剧中，一个移动的受难救世主形象与现场演员互动；可能是忧患之子（Man of Sorrows）从伤口喷出红酒作为汩汩流出的血泉；可能是一个用皮肤或皮革遮住了灵活连接点和引擎的"激情木偶"；或者一个真人大小的耶稣身体，有可弯曲的头部和手臂，用真实自然的毛发做的假发和胡须，背部有一个容器与胸前伤口相连，这样被刺伤时就可以真的流血。这些圣像或木偶可能会被人们抬着出现在游行队伍中，或者由机械花车带着走，就像圣人的木质雕像或圣物箱那样庄严地穿过城市，或者圣枝主日（Palm Sunday）[1]时坐在带轮子的小驴上的耶稣基督。自动玩偶会吹出烟雾，通过发声管发出响亮的声音，或

---

1 圣枝主日：也称棕树主日或基督苦难主日，标志着圣周的开始。据《福音书》记载，主耶稣基督于此日骑驴入耶路撒冷，受民众手持棕榈树枝的欢呼，即如迎君王般的礼遇。——译者注

者由绳子拉动，上演飞翔天使或复活的救世主升入天堂的剧情（即圣灵洞"Himmelsloch"，穹顶或天花板上的开口）。

由于不受现代审美观念的限制，图像往往表现得像木偶戏，尤其是在祭拜的背景下。精心制作的人像用其外观和功能，吸引人们玩耍和互动。这些有趣的宗教祭拜物品分工不同，一种是由人类木偶师操作，另一种是允许祭祀者靠近并抚摸这些玩偶。例如雕刻的圣婴，其表演是利用物体本身的可移动装置（玩偶）的动作，通过相应的操作及观众与它的身体互动来实现的。这些动画师或表演者都是身体和情感戏剧中人物活动的扮演者。这些自动装置激发并引起了基督徒的情感，而这些情感又被投入绘画创造中。迈克尔·卡米尔认为"木偶耶稣（Jesus the puppet）"细致刻画了忧患之子，在画像中操作的演员赋予了这件物品生气。人们可能会想：谁在拉线？谁才是耶稣受难这场戏中真正的牵线木偶，他是运动客体还是运动主体？

赋能物品：十字架与圣矛

除去形象本身，这些艺术品的其他方面也仍然魅力十足。用一个例子总结这一点。十字架是一个难以分类的综合物体，它不符合明确的分类。"符号"、"艺术品"或"珠宝"这样简单的分类无法明确定义"十字架"这类物品。一个最重要的例子就是帝国十字架（Imperial Cross，德语为 Reichskreuz），它是神圣罗马帝国皇室宝物，后来被称为帝国宝物（德语为 Reichskleinodien）。这个镶有宝石的大十字架华丽壮观，在维也纳艺术史博物馆（Kunsthistorisches Museum）霍夫堡宫（Hofburg）内的皇家珍宝馆中保存至今（图5-3）。在中世纪，珠宝十字架（拉丁语为 crux gemmata）被划分为

图 5-3　神圣罗马帝国十字勋章可能为康拉德二世（1024—1039）所做，现藏于维也纳艺术史博物馆霍夫堡宫，Inv.WS XIII 21。版权：KHM博物馆协会（KHM-Museumsverband）

皇家物品，自第一位基督教皇帝君士坦丁统治时期起，镶有珠宝的十字架就被确立为罗马皇帝的神圣标志，因此，皇帝在以天国权威的名义进行统治时就受到了上帝的保护。

胜利十字架是中世纪早期十字架的代表。主权、合法性和军事上的战无不胜都通过这个十字架高贵的样式、珍贵的材料来体现。这枚纪念性的德国十字架由涂有金箔的橡木芯制成，尺寸为92.5厘米×71.0厘米，底座和轮廓使其作为基督教王权的等级标识脱颖而出，成为伟大的预言符号。十字架嵌在高高的底座上，正面镶满了珍珠和宝石，都采用凸圆形镶嵌（抛光但未琢面），以最大限度地发挥其深邃的光泽和明亮的颜色。珠宝、蓝宝石和珍珠从十字架的金色表面凸显出来，成为真正的珍珠母（mother of pearl）球体、真正的水晶片和半透明矿物的实心石头，保留了它们略微不规则的形状，因此它们作为天然岩石的神赐之美并没有被完全打磨掉，也没有被压制成完美的规则形状。考虑到宝石的三维特性，金匠在艺术性和神性的自然属性之间找到了平衡。我们可以回顾一下狄奥菲利乌斯对精美金属制品的偏好，他在设计过程中整合了各种技术和材料。

然而，尽管十字架外表光彩夺目，但它仅仅是在加冕典礼和公开场合展示王权神授合法性的器物。"丘恩拉多斯（Chuonradus）"是康拉德二世（Konrad II），自1024年起他是德国的国王，1027年至1039年又成为神圣罗马帝国皇帝，同时也是萨利安王朝（Salian dynasty）[1]的创建者，而这个十字架可能就是为他制作的。除了帝国

1　萨利安王朝：11世纪和12世纪统治德国和神圣罗马帝国的王朝。——译者注

徽章之外，为了增强自己的皇室印记，他还将自己和新的皇室家族放到前奥托王朝的家庭谱系中，而奥托王朝为了实行强大的军事统治（军事王权，德语 Heerkönigtum），会使用强大的物体作护身符。康拉德声称自己是基督在地球上的代理人或教区牧师（拉丁语为 vicarius Christi），正是因为拥有了这神圣的十字架，他才可以让人觉得他就是《旧约》中的祭司王（Priest-King），才获得了统治的合法性。他需要十字架、王冠和其他组成物才能成为真正的国王。这些器物和人融合成一个理想化的权力实体——成为不可战胜且能击退敌人的君主。它不仅象征和再现了帝国的财产，而且自身也通过行使帝国授权并赋予其主人无懈可击的能力获得了无量的财富。王权造就了国王，并赋予他尊严，将一位普通的凡人转变为有权势的人。

我们尚未发现能识别这种物品的强有力根据。帝国十字架收藏在两处巨大的基督遗迹中，这两处遗迹分别与奥托王朝和萨利安王朝有关，因此也与王朝继承有关。这个大十字架前面镶有宝石的部分可以掀开，用以展示其横臂内的圣矛（Holy Lance）[1]和在下轴内的基督真十字架的大块宝石颗粒。帝国十字架是一个圣物箱，为最重要的帝国遗迹设计和打造，耶稣基督本人则是以其名义进行统治的皇家血统的象征性的和精神上的祖先。

几个世纪以来，圣矛从 8 世纪加洛林王朝的武器变成了 10 世纪

---

1 圣矛：又称作命运之矛或朗基努斯之枪，相传是耶稣在罗马帝国犹太行省耶路撒冷的各各他山（Golgatha）上受十字架刑后，行刑的罗马士兵为确认他是否已经死亡，用一个长矛戳刺耶稣的侧腹位置，此长矛即被称为命运之矛。——译者注

神圣罗马帝国徽章的重要部分，它也是加冕仪式和授衔仪式上基督教统治者善战的象征。它是君士坦丁大帝（Constantine the Great）以前佩戴的帝国长矛，据称属于早期基督教名叫圣毛里求斯（Saint Maurice）的士兵。随着时间的推移，中世纪早期制造的矛逐渐被人们当作耶稣受难时的长矛。通过梳理考古资料，我们发现长矛有51厘米长的刀口。据称这是被耶稣受难十字架的钉子插入产生的孔。这件保存下来的受难遗物将长矛作为圣物，后来被裹上金银护套，上面的铭文"† LANCEA ET CLAVVS DOMINI"意为"主的长矛和钉子"。到查理四世统治时期，它被作为真正的受难长矛，每年在布拉格（Prague）展出一次。后来在纽伦堡名叫海尔图姆斯维桑根（Heiltumsweisungen）的仪式上展出，该仪式是公开展示帝国文物宝藏"圣物"（德语为Heiltum）的活动。作为一个炫耀性的展示物品，它在仪式上的地位不断提高。1354年，教皇英诺森六世（Pope Innocent VI）应帝国皇帝的要求举办了一场主的圣矛和圣钉节（Feast of the Holy Lance and Nails of Our Lord），在这场盛宴中，受难长矛的地位达到极点。尽管同时存在其他声称是朗基努斯的圣矛，但受难长矛嵌入的钉子被认为与救世主的身体和血液接触过，这就足以让人认为它是真实可信的。按照与帝国十字架相同的逻辑，穿透身体使长矛变形，最终成为与基督侧面伤口相关的长矛。

这个内涵丰富的长矛最早出现在克雷莫纳利普兰主教（Bishop Liudprand of Cremona）的《惩罚》（Antapodosis）中，该历史记录写于公元958年至962年。在第四卷第24节中，利普兰主教记录了奥托一世（公元936年为国王，公元962年至973年为皇帝）如何在公元939年将长矛带到莱茵河岸的比尔滕战役（Battle of Birten）中，"他与所有人民一起，来到刺穿我们的主和救世主耶稣基督的长矛前，全心祈祷，最终这支长矛给他带来了胜利"。

长矛用金、银和黄铜细致装饰，并被做成了奇物——权力本身的形象，作为统治和治理的象征。当代手稿中一系列光彩夺目的微缩画都着重描绘了头戴王冠的统治者手持华丽的长矛和奢华的剑，以显示他们的显赫地位。但是，即使描绘的是这支独特的帝国长矛，它看起来和维也纳保存的那支也并不相同（图5-4）。换言之，它也许能和珍贵的圣矛相提并论，但看起来不完全一样，至少从仿造角度来看是不一样的。作为一件实体物品，它的属性是变化的，就像一个有机体一样，它会根据环境改变自己的形象。在结束我们对中世纪艺术品的研究时，我们可以在此指出这种多变的特征。如我们所见，随着时间的推移，由于与原物有过交集，它确实可能跟原始那支长矛一样重要。因为在更深层的意义上，它是一件有生命的东西。一件东西即使实质是一样的，外观也不一样；或者，一件东西即使实质发生了变化，但外观是一样的。因此，本体论中关于一般器物与圣物之间的转换也适用于艺术品与圣物的转换。

图5-4 权力物品作为王权和人格的象征。在海因里希二世（REX PIUS
HEINRICVS，1002—1024）的加冕肖像和仪式中，摄政王被设想为由几个人组
成，共同构成了"国王"的复合形象，其头部由最高统治者基督加冕，手臂由
支持他的教会圣徒托举，双手分别握着"帝国之剑（Rsschwert）"和圣矛。剑
和长矛分别由两个天使托举，天使的袖口上镶着宝石。剑和长矛赋予了"国王"
统治这个国家的神圣权力。慕尼黑巴伐利亚国家图书馆海因里希二世圣礼式书
的缩影，Clm.4456, fol. 11r. 版权：巴伐利亚国立图书馆

第六章

建筑物

体验中世纪建筑与景观

山姆·特纳

7世纪70年代，一座新的修道院在诺森比亚的赫克瑟姆（Hexham）落成，如今这里是英格兰北部诺森伯兰郡泰恩河畔的一个小镇。威尔弗里德（Wilfrid）出生于诺森比亚的一个贵族家庭，他也是一位主教，正是他一手创建并支持着这个小镇。他曾在英国和西欧各地旅行和生活，在此期间，他同高卢与罗马分别建立了政治关系及教会关系，并对当代基督教文化有了深刻了解。设计赫克瑟姆新圣安德鲁教堂时，威尔弗里德丰富的知识和阅历给了他启发，埃迪厄斯（Eddius）是威尔弗里德的传记作者，他称这座教堂与他在欧洲阿尔卑斯山以北所知道的任何教堂都不同。埃迪厄斯写道，这座建筑的地下室立着各式各样的柱子，进入高墙，有几条长长的过道、蜿蜒的通道和螺旋楼梯上下穿过建筑。

　　除了一些在教堂中殿和相邻建筑中展出的装饰性石雕外，威尔弗里德设计的这座教堂在地面上找不到其他遗迹。但是地下教堂的部分遗骸得以幸存，这几乎是奇迹，我们可以从中感受到教堂彼时的样子——石墓穴中威尔弗里德的遗骸保存良好。这个石墓穴由一系列地下通道和房间组成，这些通道和房间最初通过从南、西、北向下的台阶进入。整个教堂建在天然砾石地基上，石墙立在浅浅的地基上。教堂是重复利用古罗马建筑的砖石建造的，它们分别来自古罗马桥、科布里奇（Corbridge，向东5千米）的其他纪念碑及哈德良长城（Hadrian's Wall，向北6.5千米）[1]上的切斯特斯（Chesters）大桥。狭窄弯曲的走廊通向一个中央大厅，神圣的文物可能保存在地上教堂的庇护所（sanctuany）下面。地下教堂的内壁上涂了厚厚的灰泥，借着烛光，可以看到壁上的罗马铭文和其他装饰。

　　威尔弗里德设计的教堂是泰恩河谷最早的石质建筑之一。尽管中世纪早期的罗马遗迹在该地区很常见，但那里的居民世代代都用木头、枝条和灰泥等材料来建造房屋，因此对他们而言，进入一个规模如此之大、造型如此陌生的教堂，是一种全新而独特的体验。教堂不仅是权贵的出入之地，同时还容纳着那些带有浓郁宗教色彩的物品。事实上，教会的权力并不局限于教堂内部，而是延伸到了周边地区。修道院周围有监控区域。中世纪后期，在赫克瑟姆教堂周围有一个特权圣地——因以石制十字架为标志而显得不同寻常。教堂矗立在山谷中，这座教堂是埃格弗里斯（Ecgfrith）国王的妻子埃特里斯（Aethelthryth）送给威尔弗里德的一大片地产的中心。因

1　哈德良长城是由石头和泥土构成的防御工事，横断大不列颠岛，由罗马帝国君主哈德良兴建。——译者注

此，建造这座教堂打破了当地原有的空间布局。威尔弗里德和同伴从欧洲回来时，也带回了新的建筑知识，这些知识不仅包括技术技能，还包括政治和宗教观念，他们利用这些观念来巩固自己的社会和政治地位。

建筑物的建造、留存或破坏可能在塑造中世纪社会的结构和特征方面发挥了根本性作用。其他因素同样对社会结构的建构起了重要作用。本章将探讨中世纪时欧洲人是如何感受建筑和景观的，尤其是探讨人们对建筑的看法是如何随着知识和观念的变化而改变的。

体验场所

显而易见，在最基本的层面上，所有的感官都会影响个人对某个场所的体验。我们可以想象游客进入一个中世纪早期的地下室，就像威尔弗里德在赫克瑟姆设计的那一间地下室，教堂外面明亮的光线与通道的黑暗形成了鲜明的对比，游客暂时迷失了方向；他们的手扶着墙壁（墙壁是冰凉的石头，有蜘蛛网和灰尘），伸出脚来探寻台阶（台阶很光滑，但有砂浆和从屋顶掉下来的灰尘）。室内空气比外面的浓厚，周围土壤中的水分蒸发使空气变得潮湿；发出霉味但略带甜味——也许是来自参观者的香水（或是来自墓穴的遗骸？）。眼睛逐渐适应地下环境光线后，就能辨认出石头上的锯齿状标记，也能听见更远处陌生人的声音勉强穿过稠密的空气传来，尽管声音很低沉。这些是笔者自己探索法国和西班牙农村小墓穴的回忆。这样的地方往往光线不足，空气也不怎么好，完全不像威尔弗里德在赫克瑟姆和里彭（Ripon）的景点那样管理有序，那里有电灯照明，管理员也在不平整的楼梯上认真维护游客秩序，让人感觉更加舒适。

无论是单体建筑、村庄内部还是在更大的区域，这些游览时的感觉大致是相同的。在中世纪欧洲，人们对不同类型的场所和景观的感官体验，可能因地点、社会背景和具体时代的不同而大相径庭。维京航海家穿越北部海洋的感官体验，很明显与在爱琴海干燥山坡梯田上打理庄稼的农民的体验截然不同。不同的体验受到季节和气候的影响，也受到实际情况等其他因素的影响，如建筑材料的可用性或者某种特定农业所需的基础设施。其他差异源于对如何打造建筑和其他空间的慎重选择，比如选定出入口或选择使用特定的装饰设计方案。

通过感官思考体验的一种方式就是比较和分析一个人到达不同类型场所的路径。一个旅行者来到一个中世纪的小镇，比如说根特，很快他就会发现这里与佛兰德斯周边地区的农场截然不同。这座城市人口稠密，随处可听到商人与劳工的声音，人们说着不同的语言，伴随着钟声，街头屋内充满了生活的喧嚣。与乡村景观相比，中世纪城市带给人们非常拥挤的感官体验，这主要是因为建筑物都挤在街道和水路旁，从而形成了一个"封闭"的景观。城市里的气味无法流动，各种声音在坚硬的石头和砖块间回响。形形色色的男男女女在狭窄的街道上摩肩接踵，冲突频频发生。水路、街道和建筑的划分限制了人们的活动，空间被设计成公众可进入的区域和不同封闭等级的其他区域。在城市精英们精心设计的建筑群中，门、围栏和通道都是为了限制活动范围，只有特定的人才能进去一探究竟。

这种封闭的城市景观与"开放"的乡村牧场之间形成了鲜明的对比，乡村里即使是房屋也大多是木质结构，邻居之间留有一定的距离。指出这样的差异对我们分析问题可能有所帮助，但想把城市和乡村在空间上截然分开，也是很难做到的。毕竟，城市和乡村的空间是直接相连的，以根特为例，利斯河与斯海尔德河上的船只沿乡村草地进入拥挤的城市，同城市的生活污物和工业废料混在一起，漂浮在同一片水域里。从当地进城的农民大多会遇到说他们方言的人，但他们却无法听懂当地所有的语言。通过感官对城市景观获得的直接体验，不仅会被以往对其他地方的了解和游历记忆影响，还会受身边人的影响。所有这些因素都影响着人们对特定地方的依恋程度。

随着时间的推移，人们通过在某个地方居住的经历建立起一种"景观认同感"（landscape identity）或地方依恋感（place attachment）。从单体建筑到面积更大的区域，人们的这种认同感可以在一系列不同的尺度上发挥作用。在最小的范围内，住在某一房子里的人就会熟悉房子的特性，比如起风或阳光照射时，屋顶和墙壁会嘎吱作响。中世纪房屋使用的材料不同，意味着不同地区的人们所获得的感官体验大不相同。例如，石头、木材、草皮和泥土等原材料的热性质是不同的。与木材相比，裸露的石头摸起来很冷，除非被太阳或火加热，因为这时它可以吸收热量。不同类型的石头和其他材料也有特定的属性，比如颜色、触感和气味，还有开采或切割它们的方式。久而久之，当某个地区反复使用类似的材料时，这些材料就有助于塑造当地建筑的特点和该地区的整体景观。社区会越来越认同该地区的文化，习惯的建造方法也在共享经验和不断实践中得到了加强。在那些有大量遗留下来的中世纪乡土建筑的地方，仍然可以看到独特的屋顶坡度、窗户规格或石头颜色。因此，中世纪时，生活在英格兰多雨的西南荒原上单层石制长屋中的感觉，与生活在（相对）干燥的东安格利亚村庄的当代木结构房屋中的感觉是完全不同的。这不仅是因为它们的外观不同，还因为它们各自不同的空气味道，不同的防潮御寒方式，甚至屋内屋外的声音回响也是不同的。这些特点受建筑物理属性的影响，大到房间的大小，小到墙壁、地板、屋顶和门窗的材料。

　　当然，社区居民对其居住地的依恋不仅仅是相同的建筑样式和使用相似建材的结果，还通过一系列其他因素得到强化，比如土壤的性质（土壤肥力和耕种的难易程度，也包括土壤的气味和颜色）、种植的作物、食物的味道，以及饮食习惯等。根据中世纪农民的经验，某一地区人们的习惯与土地的自然形状、山丘坡度和降雨量等因素密不可分。事实上，开垦和维护能够有效耕作的土地也许是中世纪农民最艰巨的任务和最大的成就，尽管这一点在今天很容易被大家忽视。由于每个地区的自然特征和人们形成的习俗各不相同，因此每个地区的人们赖以谋生的日常工作也不相同。例如，在地中海的许多干燥岛屿和沿海地带，为了保持土壤和水分用于耕种，同时为了有平坦的区域放牧，人们耗费巨大的劳力成本建造梯田。蜿蜒交错的独特形式随石头间的空隙而演变。与之相反，在北欧湿地地区，人们开凿了排水渠道，并建造了巨大的土质海堤以防止海水灌入，这样人们可以在沼泽地上发展畜牧业，农民可以在更安全的情况下耕种田地。

　　所有这些特征都有助于人们形成景观体验和对地方的认同感。似乎在中世纪这种区域特征会被更深刻地感受到，也更容易识别，因为在那之后的现代和后现代时期，国家发展和全球化趋势增加了人们的趋同性，建筑与周围环境也开始脱节。即便如此，中世纪时期建立或发展起来的区域特征，对塑造如今很多地区景观特征仍然至关重要，因为当时开创的田野、村庄和城市中心仍为欧洲许多地区的景观提供了基本架构。有时，相邻地区之间存在着鲜明差异，不过，更常见的是在几千米范围内的渐进式变化。在这种情况下，活动和习俗不同程度地融合在一起，从而逐渐改变当地的景观特征和人们的日常生活体验。

尽管中世纪的区域身份认同感很强，但人们并没有因此被困在某个地方而无法旅行。就像今天许多人对不止一个地方有强烈的依恋（并认同不止一个社会身份）一样，中世纪社会各阶层的体验和身份也是在迁移中形成的。出于各种各样的原因，人们去或远或近的地方旅行。过往的经验和知识随人们一同迁移，因此为目的地送去了打造新景观和新建筑风格的可能。他们还将自己的家同所去之处建立起了联系。中世纪早期的"短途"游牧业就是一个绝佳的例子。冬季时，人们和自己养的畜群在同一地区居住，到了夏季时便前往另一个地区（通常是附近地区）放牧。在英格兰东南部，这种做法似乎已经有几百年的历史了。在此过程中，他们不仅创造了连接肯特郡威尔德地区和苏塞克斯郡低地农业地区的道路，而且还将家庭农场和村庄同夏季放牧的特定区域连接起来。这些连接持续了一千多年，在塑造区域身份认同方面发挥了根本作用。对于个人和社区而言，移牧（transhumance）不仅是一种有价值的经济策略，而且还可以为生活提供变革经验。前往夏季牧场边缘地带游玩的人可以体验到前所未有的社会自由。在欧洲各地的牧民都会进行季节性移动，距离长短不等，例如从阿尔卑斯山和比利牛斯山（Pyrenees）之间的长途移牧，到北海周围的旱地农场和湿地放牧之间的相对短途移牧。这种迁移经常需要建造特定类型的建筑，供牧民居住并进行牧业活动（如制作奶酪）。与家庭农场相比，这类建筑往往相对简陋。由于是临时住所，所以除了围住牲畜的院子，这类建筑通常缺乏主要的基础设施。然而，它们有时会非常耐用，可以使用几十年甚至几百年。随着时间的推移，尤其是在中世纪后期气候条件相对良好的时期，一些季节性定居点就变成了永久居住地。虽然这一变化可能在高地最常见，但在其他环境中也可能发生。例如，挪威北极地区的建筑最初可能是用于季节性捕鱼，在公元1000年后的初期，被罗弗敦（Lotofen）[1]群岛博格瓦（Borgvær）的永久性农场取代。

牧民的社会地位一般不高，但并不是只有社会地位低的人才会迁移然后使用临时住所。在整个中世纪，欧洲各地的国王和皇帝都有巡访的习惯。他们不仅经常在皇室行宫之间巡行，也时常和随从一起住在帐篷营地里。帐篷还与军事活动有关，从中世纪早期附属国间的区域战争到涉及国家和帝国的重大战役，都会用到帐篷。除了此类远征的文献和图片记载，现存的实物证据还有与在帐篷中居住相关的行装（如折叠凳），这些行装有时会出现在社会精英的墓葬中。中世纪不同社会阶层的人所进行的另一种远距离移动是朝圣。虽然朝圣者通常会在相对较短的距离内前去参加地方性节日，但有时也进行长途旅行，前往重要的朝圣中心，如圣地亚哥–

1　此处可能为作者笔误，原文可能应是 Lofoten。——译者注

德孔波斯特拉、罗马或耶路撒冷（图6-1）。在中世纪后期，人们的朝圣之旅催生了特殊类型的建筑，不仅有朝圣教堂，还有小客栈，甚至还有为朝圣者提供住宿的特定旅馆。无论是建筑风格和图案，还是符号和形态，建筑的共同"语言"使朝圣者能识别出朝圣之路上建筑之间的关系。从字面含义到寓意内涵，不同类型的朝圣者可能会推断出不同层次的意义，这取决于他们先前所受的教育水平。同时，限制人们实际能够进入的区域，加强社会等级制度，这也会产生截然不同的体验。无论是参加大型朝圣活动，还是前往当地的神社，这些建筑和朝圣仪式都起了重要影响。在教堂的封闭空间里，所有的感官都可能受到影响，不仅是视觉和听觉，还有嗅觉和触觉。因此，窗户或灯具不仅可以选择用来照亮教堂内部，也可以选择用来照亮画像、坟墓和圣物箱等物品；声音可以操控；通道里弥漫着香火的烟雾，信徒们拥挤在通道上，期待着邂逅圣人的遗物。

知识与技术

中世纪的人们通过感官来感受建筑和景观。人们因为居住在这些地方而相互熟悉起来，也因此变得善于以不同的方式来进行协商。但对个人来说，每天的收获不仅来自自己的感官观察，还与以往获得的知识有关。结合自己获得的技能，利用他人习得的技术，使人们能够分享和利用资源，并以独特的方式塑造场所，建立社会。因此，塑造景观和创造建筑所需的知识不仅有实用性，还有社会性。

在实践方面，为了在特定地区有效地开发自然资源，人们需要大量的知识，这些知识不断积累，并世代相传。因地形和气候的环

图6-1 加利西亚（西班牙）圣苏利安德萨摩斯修道院，最初建于中世纪早期，成为中世纪朝圣者前往圣地亚哥－德孔波斯特拉路线上的一站。修道院在15世纪末至17世纪初经过改造，在1534年火灾后重建（López Salas 2017）。摄影：路易斯·米格尔·布加略·桑切斯。根据 CC BY-SA 4.0 授权

境限制，用到的知识大不相同。地中海地区打理梯田的人需要的技能和专业知识，就和挪威大西洋沿岸的农渔民所需要的不同。在不同的社会背景下，相关的知识也因社区和社会规模而有所不同。资源的开发是一种社区活动，依赖于正常运转的社会关系。也许，开放式田地是中世纪欧洲最具代表性的社区系统。开放式田地的有效运作不仅取决于土地本身，还包括劳动力和设备。为确保有效的管理和规划，定期会议和违规处罚是很有必要的。从苏格兰东部到爱琴海，从西班牙南部到乌克兰，各种类型的农业用地成了中世纪的主要景观。田地的规模各不相同，从只有寥寥几人参与的几亩地到数百个农民一起劳作的大片土地。除了田地，中世纪时的其他农业资源也是这样共同管理的，包括高地和低地的牧场和林地。与开放式田地一样，这些牧业资源也有管理制度，其复杂性取决于参与者（拥有资源权利的人）的数量和所涉区域的大小。

有关资源和技能的实用知识也为建造建筑提供了基础。在中世纪早期的北欧，实用知识主要是指对易腐材料木材和泥土的了解。木制框架建筑分布广泛，建筑规模也大小不一，小到用于储物和做工的简陋坑房（下沉式建筑），大到斯堪的纳维亚半岛南部的巨大长屋，其长度有时甚至超过60米。建造这样的结构需要大量的技术知识，不仅要有专业木工操作能力、设计与构思、场地布置及其他技能，还要有选择、准备和运输合适木材的专业知识。建造一间典型的木质结构农舍需要上百棵树。每棵树都必须从现有的资源中砍伐和准备；工人需要深入了解周围的植被，或者有足够的供应网络来获取所需的东西。这从来都不是微不足道的事，在冰岛这样的极端情况下，就可能需要从1000千米外的北大西洋其他地区运输木材。

同时，在南欧，许多建筑工人继续利用罗马时期普遍使用的各种材料，如砖、瓦、石膏和石头。像木工一样，泥瓦匠除了采购和塑造他们的原材料外，还必须掌握一系列技能，比如如何混合和使用砂浆。

在中世纪社会，有关资源和技术的知识对于维持社会动态具有重要的意义：新技术可以在改变权力平衡中发挥重要作用。在中世纪早期的英格兰，合作经营开放式田地或公共牧场的农民必须公开地讨论规则，并公开表示同意。这样一来，即便一些参与者在田地里耕作更多的区域，或饲养更多的牲畜，每个人也都明确清楚自己和邻居的义务与责任——分歧可以解决，错误或失败可以参照共同的标准受到惩罚。相比之下，引入没有被大众广泛认可的新技术，就可以用来打破既定的模式，加强个人和小团体的声望、财富和权力。威尔弗里德和与他同时代的一小群人在7世纪的诺森比亚用石头和砂浆建造教堂，常常被学者们说成是一种虔诚的行为，而且确实没有理由怀疑他们精神信仰的真诚性。然而，对于盎格鲁－撒克逊的社会精英来说，教堂和与之相关的许多技术（无论是科学技术还是有助于改变观念和习俗的"社会技术"）提供了一系列更为现实的好处。例如，盎格鲁－撒克逊人的教堂被作为永久中心，控制着大片土地，起到了稳固现有土地关系、社会关系和经济关系的作用。这些"大教堂"的社会权力是通过一系列实用技术和社会技术来巩固的。使用石头（包括来自古罗马建筑的石板）来突出教堂的耐用性，相比之下，5至7世纪的普通木制房屋似乎只能维持一两代人的时间。围墙边界（valla monasteriorum）建立了私人空间，不再是公共土地的一部分，这使宗教团体能够控制其教堂和墓地的通道。

引入契约性文件（尤其是被称为"契约"的土地批文，通常由皇室颁发给修道院）推动了新的所有权形式，即土地可以从公共资源中永久地转移出来，成为特定个人或机构的财产。这些创新在本质上与教会有关，这一事实可能有助于进一步加强教会的权威。这些调整在收集和创造圣物和圣体中得到了体现，而教堂则作为圣物和圣体的贮藏所。圣物和圣体吸引着人们前来教堂进行朝圣，比如威尔弗里德在赫克瑟姆建的教堂，它们通过使死者成为核心人物而改变了葬礼的形态。

值得注意的是，盎格鲁－撒克逊社会中与基督教机构有关的一些变化似乎加快了社会变革，但这些变革在这些新技术被引入之前就已经开始了。6世纪末和7世纪初，盎格鲁－撒克逊的精英们已经开始修缮他们的教堂，以延长其使用寿命，创造出越来越大、经久耐用的结构。大约在同一时期，他们也开始使用围墙将定居点划分为独立的地块，特别是在最重要的建筑周围。基督教及新的建筑和技术的引入，帮助已经崛起的精英阶层加强了对社会的控制。通过向基督教会捐赠财物，精英阶层能够加强他们与基督教会的联系，社会各阶层对此都很清楚。像诺森比亚的埃格弗里斯和阿尔弗雷德国王与王后，通过从他们的王室财产中提供建造教堂的材料［如在赫克瑟姆和雅罗（Jarrow）使用的罗马砖石］，来表明他们参与的重要性。契约捐赠不仅包括领土、自然资产和动物，还包括生活在那片土地上的人。他们会发现自己的义务发生了根本改变，而且这种改变几乎是一夜之间完成的。

教堂和修道院的建立很好地体现了中世纪的社会精英如何利用自己的技术（包括实用技术和社会技术）和知识来改变社会关系，

同时创造建筑和景观，使之成为对社会至关重要的场所。然而，这些技术的使用绝不仅仅是由宗教精英控制的，世俗政权也使用类似的方法来巩固对人民的控制。加洛林王朝的皇帝在8世纪和9世纪初建造了宏伟的石头宫殿，作为行政和法律中心。在亚琛、英格尔海姆和法兰克福，这些宫殿往往建在早期皇家别墅的遗址上。在根特，佛兰德斯伯爵在9世纪末建立了自己的防御工事，作为商业中心；从10世纪开始，"伯爵城堡"（荷兰语为Gravensteen）开始在其小教堂里收集圣物。到11世纪初，人们用图尔奈石灰石（Tournai lime-stone）重建该城堡，这些石灰石要从80多千米外通过水路进口。

世俗和宗教当局之间的密切联系（他们往往因密切的家庭关系而联系在一起）通过空间布局得到进一步加强。在中世纪早期的英格兰，乃至整个欧洲和地中海地区，从君士坦丁堡和拉文纳等拜占庭城市，到西哥特西班牙（Visigothic Spain）的皇家城镇，再到耶夫林（Yeavering）等北方战斗民族国王的乡村别墅，重要的教堂和皇家中心经常彼此紧邻。上至帝国领土，下至家族土地，无论规模大小，这样的彼此紧邻在整个欧洲大陆出现了数千次。整个欧洲的中世纪教堂所采用的建筑形式相对有限——最常见的是长方方形建筑，集合空间在西侧，面向东部的礼拜中心。因此，如果一个10世纪的英格兰旅行者走进罗马或君士坦丁堡的教堂，几乎肯定知道该教堂的空间安排和布局。也许，规模上的差异塑造了人们对欧洲大陆不同地区的不同体验。在古代意大利和地中海东部，或者在中世纪晚期的法国和英格兰，巨大的教堂勾勒出城镇的天际线。相比之下，在中世纪早期的爱尔兰或拜占庭中期的爱琴海岛屿，无数的小教堂则坐落在分散的居民区中。

这种差异可能与当时的社会规模和社会结构有关，也可能与历史发展有关。中世纪早期英格兰和爱尔兰之间的鲜明对比就是有力的说明。在英格兰，教堂和修道院通常是在盎格鲁－撒克逊王室成员"皈依时期"（7世纪和8世纪）建立的。这些建筑群通常由靠近精英聚集地的大量建筑组成，并附属于大型建筑物，因此教堂的总数相对较少。同样的模式也在爱尔兰盛行，但这里有成千上万的小教堂散落各地。关键的区别似乎在于社会组织的规模：在英格兰，相对较少的王国由几个王室统治，他们似乎严格控制着建立教会的权力。另一方面，在爱尔兰，同时存在着200多个王国，更多的人被授权在相对较小的领土上建立教堂。

在欧洲的其他地方，在相同的空间但在不同的地缘政治和社会规模上运转的社区之间产生了差异。例如，在7世纪和8世纪的爱琴海纳克索斯岛（Naxos），由当地社区和拜占庭帝国建立的教堂和定居点之间存在着明显的差异。考古调查表明，普通的农村干砌石建筑（drystone buildings）聚居点零星分布在农田中的许多小教堂周围。没有什么证据能说明是谁建立了这样的教堂，但无论是农民集体建造还是有小地主作为赞助人，这些教堂规模都很小。相比之下，当阿帕里罗城堡（Apalirou Kastro）的山顶小镇在7世纪的某个时候建立时（几乎可以肯定是帝国授权），则配有认真修建的城墙和整齐的街道、坚固的砂浆房屋和蓄水池、精心设计的供水系统，以及一个与中心住宅区分离的教会建筑群。尽管他们可能有相同的建筑形式，甚至可能生活在同一个地方，但社会运作规模的差异极大地影响了他们对建筑和景观的使用和体验。

在不同的背景下，中世纪社会使用类似的策略来传达不同的文化价值。过去的遗迹——景观中发现的文化遗产——在非基督教和基督教社会中如何被使用就是一个例子。一方面，在北欧民族大迁徙晚期，前基督教王子经常被埋葬在土丘中，这些土丘有的是新建的，但很多是重新使用史前时代的土丘，这意味着人们普遍认为这种土丘适合埋葬有名望的人。人们认为，刻意再次使用古代遗迹，旨在强调和巩固社会精英同他们所统治的领土之间的关系，例如在诺森伯兰郡的耶夫林和米尔菲尔德（Milfield），木质大厅和墓葬的布置与古代荒冢和其他纪念碑的遗迹有关。在基督教背景下，过去的遗迹也被挪作他用或重新使用，但这种情况通常是将古代建筑的石块拼接到教堂和其他建筑中。一些学者认为，这种再利用仅仅是务实的做法，是试图控制成本或将不必要的碎料从聚居点清除。然而，这种做法在中世纪早期非常常见，西欧和南欧无处不在，再加上一些建筑商所做的努力，说明仅仅将此看作一种节约成本的做法就太过简单了。重新利用古代砖石的方式也有象征价值，例如使用罗马或中世纪早期的装饰石料创造标记。巴奇诺（Barcino，今巴塞罗那）主教区6世纪末或7世纪初的十字形教堂的建造者并不需要使用该镇古代场所上的凹槽柱和精致柱头，但他们还是将其放在了显眼的位置。教堂建造者将这些遗迹纳入其中，似乎是为了创造一种标记——标志着古罗马帝国的力量、古代石板的来源地，以及当时罗马和君士坦丁堡等基督教中心的习俗。这些资源的捐赠者和使用者之间的关系也可能有助于巩固其中一方的威望，就像中世纪早期的诺森比亚。

情感与感知

在中世纪，人们的体验方式和居住方式受一系列因素的影响，从土地的物理特性、人们的工作日常，到用知识来塑造社会关系的方式。但人们与场所的联系很大程度上也是从个人和集体的情感与记忆的联系中形成的。很多时候，这种依恋来自直接体验，但值得注意的是，人们也可以对从未去过的地方产生强烈的感情和想法，这些感情和想法是通过声誉、故事和交谈产生的。在中世纪，这种想象中的依恋足以迫使无数的朝圣者和十字军战士背井离乡去寻找他们只听说过的地方，而且很有可能一去不复返。

人们的"地方身份（place identities）"可以与在特定地点的日常生活和居住过程紧密相连。例如，学习如何与一栋建筑建立熟悉关系（例如，一个人知道在通道上怎么走，或者知道怎么在黑暗中上下台阶）可以在人和地方之间形成非同一般的关联。但是，地点依恋在很大程度上也是通过情感参与形成的，这可能会产生一系列不同的感觉（无论是积极的还是消极的），并可能随着与一个地方的关系变化而改变。在中世纪，从宫殿和城堡到教堂和修道院，各种类型的建筑都被赋予了世俗或神圣的力量，可以引起强烈的情感反应。与中世纪相对开放且可以进入的农民住所相比，城堡和修道院的封闭建筑形式让精英阶级可以监控人们的动向，并严格限制他人进入建筑内部和建筑周围景观。那些被排斥在外的人可能会感到自卑、不满或愤怒；而那些有特权进入的人可能会有安全感、优越感和愉悦感，但如果他们的行动因为地位或性别而受他人控制，或许会感到孤独或被孤立。

生活在某一地点的人，往往可以对这个地方产生记忆和联想，这些记忆和联想往往具有强烈的情感价值。并非所有的人都以同样的方式来应对这些依恋，对于一些社区而言，改变环境提供了一种故意抛弃记忆的方式。例如，在巴布亚新几内亚的森林社区，村庄在日新月异的历史长河中被有意废弃，以帮助消除生者对逝者的记忆（在那个社会中是必要的）。与之不同的是，在中世纪欧洲，很多例子表明个人和社区有目的地利用建筑和景观来唤起人们的记忆，并与地方形成情感上的互动。例如，中世纪早期精英"显眼的（conspicuous）"墓葬，其封土和丰富的墓葬品有助于将社区聚集在一起，创造共同的"社会记忆（social memny）"。从短期来看，这种墓葬需要大量的集体劳动（为火葬场添加燃料或建造墓穴）；从长远来看，这些纪念性坟墓会作为领土的标志和个人及家庭所拥有的社会权力的标记，一直存在于这片土地上。像这样的纪念碑可能会让不同的人产生一系列情感反应。除了至亲可能感到悲伤失落外，其他人（以及其他时代的人）可能会因为理解了纪念碑下躺着的人物而体验到惊奇、敬畏乃至恐惧。这似乎是将古代遗址（和材料）重新用于后续仪式的原因之一，这并不仅仅局限于将古代建筑中的古典石板收入教堂。例如，在中世纪早期，无论在皈依基督教之前还是之后，北欧许多地区的史前遗迹都是埋葬等仪式的重要地点。即使大规模的宗教变革是重大政治动荡的结果，神圣的建筑和遗址也经常被保留下来。在塞尔柱小亚细亚（Seljuk Asia Minor），拜占庭教堂能作为清真寺重新使用。当安达卢斯（Al-Andalus）被西班牙的基督教王国征服时，许多清真寺又作为教堂重新投入使用。同样，犹太教会堂也可以被改造成教堂；甚至在中世纪后期被暴力摧毁的犹太社区，也可以被拆除并被教堂取代，纽伦堡的圣墓教堂（Frauenkirche）就是如此。与地方相关的情感力量也被用来创造集体记忆，并通过重复的仪式活动来强化群体身份。例如，在拜占庭时期的君士坦丁堡，被称为连祷（litanies）[1]的礼拜游行唤起了人们与过去相关的一系列情绪，从欢迎新文物进入教堂的喜悦到对地震和其他灾害的恐惧。这些礼拜游行沿着相同的路线定期重复，从圣索菲亚大教堂等神圣的场所出发，通过召唤圣人和城市的特别保护者圣母玛利亚，创造一个"精神盾牌（spiritual shield）"。通过祈祷、游行和情感的投入，上至国王，下至民众，人们将圣洁重新洒满城市的街道和建筑。

在中世纪，人们对建筑和场所的体验会因各种因素而不尽相同，从他们的社会和政治地位，到生活的具体时间，再到所处的地理位置。同样，人们建造新建筑或重整土地的能力在很大程度上取决于他们的社会规模和他们发起变革（无论是社会、经济还是知识）时的相对自由度等问题。有时，变革是彻底的、整体性的，如在10世纪和11世纪城市开始迅速发展的时候。其他时候，管理社区的习俗确保了定居点和城市景观在很长一段时间内保持相对稳定，如中世纪后期的开放社会（open-field societies）。

不过，中世纪的人们和我们现在一样，是通过感官体验联通他们的知识和记忆，并在其情感联想的影响下，来感受建筑和城市景观。这些因素结合在一起塑造人们的地方身份认同，这种认同将个人和社区同他们生活的城市景观联系在一起。随着时间的推移，欧洲中世纪景观的独特特征随着物质世界在新兴社会进程中的

---

1 连祷：在基督教崇拜和某些形式的犹太人崇拜中，连祷是一种在服务和游行中使用的祷告形式，由许多请愿书组成。——译者注

重塑而发展。值得注意的是，这些历史遗产在今天仍然具有重要意义，因为许多城市和乡村景观的基本特征仍然归功于它们的中世纪遗产。

第七章

随身器物

邂逅物质文化

邦尼·埃弗罗斯

有关中世纪随身物品的书面记载和实物材料越来越丰富。几十年来，用于解读相关材料的理论与实践方式也迅速发展。因此在研究时，我们必须更加灵活地定义随身物品，才能应对它们在象征意义和功能上的变化。本章中，我选取了一些随身物品进行讲述，但由于篇幅限制，所涉及的物品种类并不全面。本章中探讨的物品与打扮、着装、药物护理和个人保护（无论精神还是肉体）有关；有些物品可能常用于展示个人身份或群体身份，如衣服、珠宝和武器；最后会谈到与人类生命历程有关的物品，从出生、成人礼、疾病再到死亡，但这些物品的使用不仅限于前述场景。

开始讨论之前，请大家注意，古典时代晚期和中世纪早期的大部分物品之间有一个重要区别，这使它们与8世纪及之后生产使用的大多数物品都不同，因为大部分幸存的8世纪之前的随身物品都是在墓葬挖掘时发现的。尽管我们发现了越来越多中世纪"物品丰富的"墓葬，但发现得越多越为解读它们提出了难题（更多探讨见本卷序言）。关于随身物品在殡葬"变革"中的意义、象征和作用的争论一直很激烈，因篇幅有限，本章对此不作详述。但是必须指出的是，在关于墓葬品的考古分析问题上，由于随葬品主人的种族、地位和性别等因素，不可能只有一种解读分析。此外，本文还对史学研究的前提提出质疑，该前提认为在11世纪末之前，西方没有正式的"时尚"文化。相反，这一时期的大量证据显示，服饰和丧葬习俗在时间和地域上存在着显著差异，即便是相邻的村庄和墓地也彼此有别。

　　然而，在大多数情况下，墓葬物品并不是为了区别彼此的墓葬习惯而专门制作的，而是为满足各种用途（见第4章关于"日常"物品的讨论）。只不过是当这些物品用于丧葬时，被赋予了新的含义和功能。家庭成员去世后，在世的亲属和邻居，或是与逝者有社会联系的个人或群体会选择将特定物品放到逝者的墓中。这些物品都是他们自己或后代使用的。但在某些情况下，这些物品是能在日后取回的。过去人们大都认为，坟墓被重新打开的痕迹是盗墓的证据。最近，考古学家认为，这些被取回的物品仅用于殡葬仪式或是有实际目的。这种理解进一步模糊了殡葬中使用的随身物品和中世纪早期众多没有放入坟墓中的物品之间的区别，这些物品很少有现存于世的。葬礼赋予了物品新的含义，尽管其中似乎不包括某些随身物品。例如，直到12世纪也很少在墓地中见到中世纪爱尔兰地区使用的黑玉做成的珠子和镯子。中世纪早期的遗嘱很少流传下来，但仍有部分留存于世。其中一份罕见的文件是埃米内特鲁迪斯（Erminethrudis）的临终遗嘱，她是一名女性贵族，大约在公元590年至630或645年的某个时间去世。她将黄金珠宝和衣服遗赠给了她的儿子、教堂和巴黎附近的修道院。

相比之下，加洛林之后的随身物品主要来自相关机构（无论是教会、修道院、王室还是贵族）或定居点。在临终遗嘱、契约、历史和文学资料中发现的物品清单里有许多对随身物品的描述，艺术史上也有此类描述，对这一时期的记录往往更加丰富和详细。在7世纪和8世纪期间，由于西欧在坟墓中放置物品的传统不再那么流行（斯堪的纳维亚半岛、维京人散居区和德国北部除外，因为直到11世纪这些地方仍在沿用这种传统），所以大多数中世纪墓地中都没有太多物品，偶尔有刀具、梳子、扣子、硬币和其他物品。在中世纪中期，高级神职人员有时会随葬礼拜用品和徽章。在某些情况下，他们身着教会服装或按照修道士的习惯穿着下葬，而不是简单地用裹尸布裹住下葬。

通过环境取样和书面资料验证的方式，我们对中世纪中后期随身物品意义和用途的讨论相比于考证其他坟墓中的随葬物品而言，难度更低。但是，解释并不总是直白易懂的，例如在湿地地区和过境点发现的武器沉积物可追溯到维京人时期。艺术品的使用历史和历史上对衣服和其他物品使用的描述，虽然在解释中世纪晚期物质文化的象征和功能方面很重要，但也往往带有主观性，而不是生活实相的反映。尽管中世纪晚期的修女（被认为）不应拥有个人财产，但这并不妨碍她们支配自己的随身物品、制作物品或将这些物品作为礼物送给他人。

最后，无论如今现存的随身物品是来自中世纪早期还是晚期，它们都不能反映前现代时期欧洲大多数人的生活。精英阶级的财产可能比平民阶级的财产留存更久，产生这种差异的原因有二，其一是所用材料不同，贵金属和宝石比易腐有机材料更耐用；其二是制造物品的技艺不同。制作工艺更复杂或外表更美观的物品更具有"传家宝效应"，即后代希望保留这些物品，因为它们承载着记忆，而且既有审美价值也能日常使用。无论是日常物品还是宗教物品，精英阶层拥有这些物品，也使它们更有可能被保存在教堂宝库、精英家庭或修道院中。绝大多数有机材料埋入土中后都会自然降解，但如果保存在教堂宝库或城堡宝库中，抑或是石砌和铅砌的坟墓中，物品便能保存更长时间。

物质性研究与随身物品

在我们对人类社会进行分析时，物质性研究领域把物品和物品类别的作用推到了一个更为核心的位置。无论是个人物品还是共享物品，它们本身在不同人手中流转、继承，抑或是买卖。在中世纪，像圣弗依的圣物箱和圣乌苏拉（St. Ursula）的器皿这类标志性物品，流转于不同人之手，伴随着流转，物品亦在圣物和凡物之间切换（在教会持有时，它们会被视为圣物，而在世俗阶层持有时，它们又可能会被视为普通的凡物。可参考第五章）。中世纪的随身物品也具有强大的特性，这些特性独立于人类使用和想象所赋予它们的意义。在实际应用中，材料的固有属性通常决定物体的形状或功能。铁匠铺里的铁匠们使用的材料质量有高有低。此处我们将他们制作的物品（如剑和矛）定义为随身物品，在任何背景下，人们与人工制品的关系都依赖于多种因素。这些因素包括铁的基本材料特性，木材的物理属性，工匠的技能、经验和工具，以及个人的需求。制作陶器也涉及多种要素，这不仅取决于陶工的想法和技能，还取决于其对原材料的熟悉和使用。

　　梳子等个人物品的功能和分布也受其生产环境的影响（图7-1）。因与头发密切相关，梳子的象征意义亦经常被人讨论。维京时代的鹿角梳和骨梳的制作需要专门的技术和合适的原材料，同时还需要用铁或铜合金铆接，因此限制了这些物品的生产场所。尽管受制于一个"生产、交换和消费"的循环，但它们不同于中世纪家庭日常使用的"实用"陶瓷，这类陶瓷较为朴素，比较容易买到。无论是轮子抛制还是手工制作，烹饪器具和储存罐都受环境和生产的影响。它们的特性微小，但可识别，这些特性源于采集黏土的土壤地质、陶工的制陶方法和手艺，以及烧制过程中使用的窑口和燃料。在遥远的历史时期，那些与人的身体有密切关系的物品，就如同今天的贴身物品一样，人和物之间彼此依赖。

图7-1　一把9世纪的梳子，由鹿角制成，来自布里塞（Brisay）的布拉夫路（Brough Road）。摄影：史蒂芬·阿什比，由奥尼克艺术博物馆提供

伊恩·霍德尔（Ian Hodder）观察到，人和物品之间的相互依赖性虽然通常带来好的结果，比如更高的生活质量，但也诱人犯罪。伊恩用这个词来指代建立复杂的制度，通过这种制度来维持特定商品或材料的供应。中世纪时，在基本物品难以获得甚至无法获得的危机时期，人们对特定事物的依赖和物品诱人犯罪的后果日益明显。例如，5世纪初罗马在英格兰的基础设施崩溃后，为生产珍贵的铁，当地居民发展了替代供应链和循环使用模式。这些情况直接影响了个人物品的形式和质量。7世纪末，与印度洋周围地区进行远程贸易所获得的原材料越来越少，使得西北欧的工匠用彩色玻璃装饰物代替次等石榴石，这种石榴石之前曾镶嵌在高级金质景泰蓝胸针、扣子和装饰性武器上，这些物品在墨洛温王朝晚期受到精英阶层的高度重视。如今在比利时发现的中世纪早期墓地中的玻璃珠，材料可能来自5世纪末和6世纪初的斯里兰卡、印度和美索不达米亚，现在则被当地制造的玻璃珠取代（图7–2）。与其说这些墓葬用品的调整是消费者风格偏好变化的结果，不如说是因为拜占庭世界的贸易中断，让人们很难或无法获得制造色彩流行并被广泛使用的石榴石所致。

物品的流转过程，更准确地说是物品的传播走向，并不完全取决于塑造或使用这些物品的人的意图。即使是不起眼的物品也可能具有丰富的象征意义和复杂的历史。随身物品和个人物品经历了动荡和安稳时期，这些经历可能会使它们背离生产者的初衷，也可能违背与其有关的人的意图。因此，在整个中世纪，罗马硬币可能会被重新用作项链上的吊坠。铁器、木器和衣服可以被制作和翻新；曾经所有者的刻痕标记可能会被擦除，刻上下一个所有者的标记。

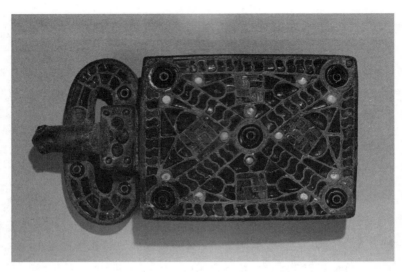

图7-2　皮带扣，约525—560年。出自6世纪欧洲民族大迁徙时期的西哥特西班牙。有青铜与石榴石、玻璃、珍珠母、金箔、镀金装饰的痕迹；用青铜和玻璃制成；7.1厘米×2.7厘米。克利夫兰艺术博物馆，2001年购自J.H.韦德基金会。根据CC0 1.0授权

虽然在中世纪人们通过铸造和印上标记来控制某些珍贵物品，但是在控制硬币中贵金属的标准方面，他们的努力并未达到预期效果。将一件物品转化为有价值的传家宝或"承载"祖先或大事记忆的物品，在没有与之相关的故事来激活其化身时，这种转化可能无法成功。还愿信物也是作为圣人神龛的代替品来使用的，用来承载人或身体的意象；因此，尽管人类尽最大努力塑造，使某件特定的物品转化为能够承载记忆的"传家宝"，但并不是总能成功。

在中世纪欧洲的研究中，人们通常将物品的作用与盎格鲁－撒克逊和维京文学中的剑及其他武器放在一起讨论，这些武器往往具有一些特殊的功能和品质，而这些品质甚至连它们的持有者也不具

备。同时，魔法和重生可能主要是炉边表演的内容（我们获取此类信息的主要来源是《贝奥武夫》等史诗）。也许关注武器与这些力量的联系更有用，因为这些力量使它们成为有效的记忆工具，在纪念逝者方面发挥着核心作用。我们可以从装饰武器的符文雕刻中看出人们想将其作为财产的愿望，如在高卢和英格兰流行的后罗马时代的剑，其剑柄上有环状物。只有剑的使用者才能注意到这些符文雕刻，它们指向了一种共同的战士文化，可能也代表了一种想要控制也许不属于自己的财产的想法。尽管如此，这些武器并不是仅有的彰显个性的物件。人们认为圣物、骨头或是圣徒昔日的衣服等个人财产亦保留了圣徒的一些个性特质；祖传硬币、玻璃碎片、雕刻的符咒、鲨鱼牙齿化石、熊牙和熊爪，以及装在保险箱中的贝壳，这些物品可能会散落在各处，但即使变成碎片，也不影响其发挥作用。

如小刀之类的普通器具不仅有实际作用，还有象征作用。在整个中世纪时期，这些日常的手工艺品都被人们佩带在腰带上，它们可以在仪式中发挥作用，还可以为现代考古学者提供一些线索，让他们了解这些手工艺品所在的特定社区可能存在的经济特征和世界观。至少在维京时代，人们收集大量物品并将其窖藏起来。也有人认为，正是这些物品才刺激了北欧海盗去劫掠，其本身也是那个时代的印记。这些例子旨在说明以人为中心去理解中世纪的个人物品具有局限性；它们有助于我们重新想象没有生命但又强大有力的随身物品是如何满足人类基本需求的，同时是如何在人们有限的生命之外占据一席之地的。

随身物品的流转

亨利·皮雷纳（Henri Pirenne）的著名论文强调，尽管对古典时代晚期和中世纪早期欧洲物质文化的初步研究几乎完全集中于长途贸易的奢侈品上，但最近的研究已经承认，许多通过长途贸易传播的物品都很普通，它们可能是大众类型的商品。商业中心和后来的集镇对这些商品的发展和区域性流通尤其重要（见第3章）；探索、征服和寻找新的贸易伙伴也是重要因素。但是，在中世纪早期的西方，一些随葬物品是当地制造的，或者至少是在同一地区生产的，而其他的则来自更遥远的地方，有些来自前罗马帝国之外的地区。我们可以推测，中世纪的许多随身物品是通过贸易而不是通过仪式交换流通的，因此在后续研究中，我们很有必要考虑物品的作用。

安妮特·韦纳（Annette Weiner）有句名言，称这种现象为在给予的同时保持（keeping-while-giving），其驱动力是"在一个不断流失和衰败的世界里，需要确保持久性"。具有讽刺意味的是，阿琼·阿帕杜拉（Arjun Appadurai）所描述的这些"流动中的事物"本身就具有流通性；物品交换有时是商品，有时则是不可剥夺的财产，在整个中世纪的人类关系中起着至关重要的作用。例如，一些虽小但功能强大且可以移动的文物被认为包含了圣人的遗物。6世纪的主教如图尔的格里高利（Gregory of Tours）可能很幸运地能随身携带一件这样的圣物；圣人的遗骨在赠礼中不可或缺，它将赠与方与受赠方联结在一起。圣人遗骨的赠与团结并且庇佑了两方当事人，不仅是因为古代晚期基督教信仰在地中海地区的传播，还因为基督教在整个中世纪的传播。

中世纪外交往来和联姻中所用到的不可剥夺类型的财产包括大件金银器皿、马和随身物品。为了确认条约或政治协议，一方会拿出镶有珠宝的物品，如戒指、衣服、皮带扣、胸针等以示忠心，或表示服从。西哥特人征服后，在高卢西南部，镶嵌着银质波纹图案的重型铁制皮带扣作为一种巩固"效忠、臣服和地位"的纽带被幸存下来的人用于死后安葬。在中世纪晚期，留存下来的礼物凸显了物品可以"传达亲密承诺的方式，这样的物品承载了给予者的个人愿望"。有意义的供品还可能是委托他人撰写的手稿，如牛津大学博德利图书馆收藏的奥克特女士手稿，体现出女儿结婚时母女之间难舍难分的情感。据说，这段小小的手持诗篇是寡妇琼·菲特扎兰（Joan Fitzalan）送给她11岁的女儿玛丽·德·博亨（Mary de Bohun），并告知她婚姻中的义务的。在约1380或1381年，她与德比伯爵博林布鲁克的亨利[1]结婚，嫁入王室。

中世纪的传家宝和传记物品不仅在个人之间流转，还在家庭和教会等团体之间流转。在这样的流转中，它们被改造或神圣化。6世纪的墨洛温王后是普瓦捷的拉德贡德（Merovingian queen Radegund of Poitiers），她逃离了丈夫克洛泰尔一世（Chlotar I），意图说服苏瓦松（Soissons）的梅达德主教（Bishop Medard）允许她戴上面纱，在她作为女执事献礼时，将她的丝绸衣服、王冠和珠宝作为祭品放在祭坛上。7世纪末，巴蒂尔德皇后（Queen Balthild）逝世，她辉煌一生的最后时光被关在谢勒（Chelles）皇家修道院里。为了纪念她，修道院的修女们身穿胸前绣有十字架的上衣，戴着皇室项链，据说她在修道院时戴着这些项链（图7-3）。在中世纪晚期，类似的物品也在发挥作用，因为女性将自己的服饰捐赠给教区教会，而

1　德比伯爵博林布鲁克的亨利：即亨利四世。——译者注

图7-3 巴蒂尔德皇后的长袍。谢勒（Chelles）阿尔弗雷德·博诺博物馆：中央部分带刺绣。经吉内夫拉·科恩布卢特（Genevra Kornbluth）许可转载。版权：吉内夫拉·科恩布卢特

这些衣物又因与牧师或与圣像接触而变得神圣（见本卷导言和第 1 章）。1474 年，伊丽莎白·德·维尔（Elizabeth de Vere）用法语写了二十八篇宗教文献，作为巴金修道院（Barking Abbey）修女们的学习手稿，这些手稿最后都成了艺术品。

纺纱纺织和刺绣等一度被认为是"软"产品，在公共礼仪和个人交往中扮演着举足轻重的角色（见第二章）。作为服装、祭坛布和仪式服等礼拜用品及文物包装的纺织品，需要昂贵的原材料、精湛的技艺、足够的耐心和充分的时间来生产。加洛林王朝时期遗留下来的少量物品不仅是一种经济的商品，还传达了制造者的社会地位和宗教身份。这些遗物可以提高捐赠者的知名度，加强两个家庭之间的纽带（通过带有编织或绣花的铭文）。盎格鲁－撒克逊时期的丝绸服饰，是精英地位和宗教虔诚的有力证明。在中世纪的神话传说中，不断变化的新服装是诗人们关注的焦点；"为了赢得关注、为了施展魅力、为了给予和获得快乐"，它们通常被作为礼物送出。在 13 世纪末法国颁布禁奢令后，这些物品就相对难以获得了。

随身物品、身份与中世纪生命周期

在对中世纪的古代器物进行的考古学研究中，陪葬品结合了其他的特征成分，例如年龄、社会地位、种族和宗教信仰，从而可以识别出尸体的性别。这些物品也有助于了解包括葬礼在内的中世纪早期的生活礼仪。尽管在过去一个半世纪里，人们认为种族与物品风格的选择密切相关，因此比性别受到了更多的关注，但这种关注使我们对此类文物的理解产生了扭曲。作为标志，随身物品（如本文所述，最常见于丧葬环境中）没有统一性，它传达了个人表现的复杂性，反映了转型时期的宗教变革，同时也体现了社会对不断变化的信仰和习俗的一系列反应的细微差别。

因此，随身物品的功能或意义不应静态地理解。正如它们塑造和构建了使用者或佩戴者的生活一样，它们对拥有者或接触者也有着重要的意义。儿童时期的一些物件，如玩具，会随着年龄的增长有新的含义和用处，这可能是由于与它们有关的游戏回忆，或是由于像游戏这样的物件在成年后的作用发生了变化。在盎格鲁－撒克逊英格兰和欧洲大陆的儿童坟墓中，有时会发现微型武器，它们可能是玩具，也可能是用于战争的训练工具。因此，随葬在中世纪早期坟墓中的物品，其选择和数量至少在一定程度上反映了逝者的年龄、性别等。

此外，在15世纪的佛罗伦萨（Florence）和北欧其他地方，来自中产阶级或精英阶层的新娘及进入修道院的女孩，她们的婚礼嫁妆清单中都有灵修娃娃（bambini），这是父母送给她们的礼物。这些娃娃穿着用珍珠、亚麻、锦缎或天鹅绒制成的衣服，有的是女性圣徒的形象，但有的也常常是圣婴耶稣的形象。根据背景和环境，它们似乎为宗教信仰提供了灵感，祈祷婚后顺利生育，还能够表达与圣婴耶稣的精神结合所带来的喜悦。

成年后，随身物品与个人的职位和宗教地位密切相关。罩袍（chlamys）是拜占庭皇帝和他的官员们穿着的一种服装，这是一种"长至脚踝的半圆形披风，用胸针固定在右肩上"。宗教服装和发型也将中世纪早期的神职人员、修道士和修女与世俗人员区分开来。在中世纪晚期，神职人员的坟墓里通常放置一个类似于在礼拜仪式中使用的圣杯和祭碟来体现他们的男子气概。而这些神职人员在世时，这些后来的随葬品并不会被视为圣物。

随身物品也显示了他们对圣人的虔诚，比如"查理曼大帝的护身符"，据说这个护身符可以追溯至泰晤士河边14世纪的圣器戒指，甚至远至9世纪。佩戴时与皮肤直接接触，除了佩戴者，任何人都不能看到它们（图7-4）。相比之下，朝圣后在圣人神龛中获得的徽

图7-4 查理曼大帝的护身符，兰斯塔乌宫：一个可穿戴式圣物箱。经吉内夫拉·科恩布卢特许可转载。版权：吉内夫拉·科恩布卢特

章、信物和壶腹（ampulla）[1]，或是被认为保护儿童和孕妇的宗教护身符，通常都佩戴在看得见的地方。这些物品常常被收集它们的旅人带在身上，以一种可见的方式昭示朝圣者的虔诚，使朝圣者同其他基督徒区别开来。

身体展示与丧葬

许多可以追溯到中世纪早期的私人物品之所以能留存至今，是因为它们后来被放入坟墓里，只有在挖掘时才被"重新发现"。事实上，出土文物还让我们可以看到用于系紧斗篷、衣服和鞋子的胸针与扣环等物品的实际应用，这些物件让我们了解了当时人们在准备陪葬品时的普遍做法。仪式在墓地举行，而墓地往往选在古老、神圣或合意的地方；葬礼的目的是纪念逝者，筹备葬礼的过程并不是人们关注的焦点。虽然如此，我们还是应该思考他们如何以及为何使用这些个人物品。

研究中世纪早期的墓葬物品时，现代的个体概念可能会对理解这些物品的本质和象征意义起反作用。换言之，考古学家和少数历史学家早就承认很难用中世纪坟墓中的物品来准确反映逝者生时的生活。这些坟墓并不完全代表逝者的个人地位或个人身份，而是表明纪念逝者的这群人的需求和目的。通过研究这些需求和目的，我们也可以更清晰地了解到这些物品在不同人手中流转的过程，以及这些物品流转时所承载的意义。

---

1 壶腹：一种小的圆形容器，通常由玻璃制成，并带有两个把手，通常是扁平的，用于盛放中世纪的圣水或圣油，通常作为朝圣的纪念品购买。——译者注

参加葬礼的人为了体现自己的社会地位，他所送的陪葬品就要体现出不俗之处。中世纪早期的手工制品，如胸针、扣环、珠宝、护符、武器和器皿，由于都是由工匠手工制成，独一无二，所以即便是成对使用的物品之间也有明显差异。在社会习俗缓慢变化的过程中，形成了中世纪早期人们将逝者的遗物放置在其坟墓里而非转交给继承人这种约定俗成的做法。虽然我们不能完全还原中世纪早期的墓葬习俗，但我们仍然可以得出这样一个结论，即坟墓布局具有特定的意义。通过不同的墓葬，我们可以从性别、宗教、民族等方面看出它们的差别。

许多关于中世纪早期身份的假设是建立在历史和考古研究基础上的，最近的研究结合了稳定同位素分析等科学测试，已经让人们对这些假设产生动摇。学者们对图林根的拉修威茨（Rathewitz）和奥伯梅伦（Obermöllern）墓地中的骨骼遗骸进行了锶同位素分析，确定出生地不会影响其随葬的个人物品类型。就成年男性和女性而言，当地人显然采用了非本地物品，但DNA测试结果有时证明，我们对性别和身份的理解有些模糊。在德国西南部下施托青根镇（Niederstotzingen）的一个小墓地里，埋葬着十四名社会地位高的人和三匹马。2000年，根据DNA测试，其中有武器随葬的两具遗骸从生物学上确定为女性。第一具遗骸（3C号墓）随葬有剑（spatha）、匕首（saxa）、盾牌、腰带和七个箭头，还有一条铁链和一座铜钟。第二具遗骸（12C号墓）埋葬在一个三人坟墓中，但被发现时受到挖掘机的严重破坏。不过，这名女性的随葬品至少有一把剑、几把刀，可能还有一顶头盔。但这些结果存在争议。2012年对下施托青根挖掘出的遗骸重新进行了DNA测试后，学者们确定3C号墓中的遗骸不是女性而是男性，而12C号墓中的遗骸性别尚未确定。研究古代DNA不断遇到困难，科学家们很难在骨骼性别鉴定上取得一致结果，但这些努力无疑将在未来几十年里取得重要收获。

在英国，最近由技术革新和双盲人类学评估引领的讨论突出了与中世纪早期坟墓中与性别有关的重要发现。人们曾经认为有武器随葬的女性十分罕见，甚至不可能，但现在看来，这已经是件比较常见的事了。近来对火葬的性别研究结果十分有趣，在诺福克郡（Norfolk）的斯邦山（Spong Hill），埋葬着两具有佩剑的遗骸，其中一具已经确定是女性遗骸，另一具可能也是。学者们对近来发掘的56个中世纪早期遗址中的4000多座坟墓进行了研究（718座葬有武器，约半数的可进行现代人类学性别鉴定），在确定随葬有武器（主要是长矛，盾牌不太常见）的坟墓中，平均8%属于生物学上的成年女性。在7世纪，有武器随葬的女性坟墓比例高达17%。

早就应该摒弃基于逝者的推断性征对坟墓进行价值判断的行为以及像"异装者"或"第三性"这样的标签，因为这样的标签表明这些人处在其社区边缘。但这些人的随葬中有昂贵、独特的随身物品，这表明至少在生活中的某些方面，他们并没有处于社会生活的边缘。根据骨骼发育和所受创伤可以准确地推断出，至少有些随葬有武器的女性曾与这些武器并肩作战（伍斯特郡南部的贝克福德A2号墓就有一例），即便她们是少数。而且，墓中有些武器，男性和女性在使用方式上可能不同。如，长矛可能取代其他常见的女性物品，放在逝者腰带的位置，而不是更为典型地放在逝者身边。这些武器连同墓中的珠宝都表明，在6世纪末和7世纪的英格兰，像长矛这样的随身物品有多种价值。它们既可以用来表达男性身份，也可以用来表达女性身份。

结语

本章所强调的主题链必然是交叉重叠的，但并不全面，因为它们在本章中只是作为进一步研究随身物品的出发点。介绍了中世纪研究中的物质转向（material turn）之后，本章根据有关物质性的最新研究所强调的概念来划分主题，分别是流动的事物、有助于塑造和表达个人或群体身份的事物，以及人生中起关键作用的事物，还有那些帮助弥合这个世界与超自然之间鸿沟的事物。虽然这一章展示了中世纪物质文化的丰富内涵，但同时也提醒我们，在解读和应用随身物品来研究中世纪的生活和习俗时，必须严谨缜密。

第八章

器物世界

过渡时期的文本物质性

本·杰维斯　莎拉·森普尔

公元7世纪至8世纪，在英格兰东北海岸的哈特尔浦（Hartle-pool），为了区分不同墓主，修道院社区的工匠在扁平的小石头上刻上名字，将这些石头与逝者放在一起（图8-1）。这些石头体现了一个重大变化，即从通过物品、地点和仪式进行展示和纪念，过渡到用文字进行标记、记录和纪念。在中世纪欧洲，文字和书籍的出现并没有削弱物品的魅力，但它们确实促进了新物质和新观念的产生。

人们经常从这些文字资料中了解中世纪欧洲社会，并对其进行设想。长期以来，历史学家在研究中世纪历史时，首先参考历史、诗歌、文学、泥金书和文献记录。然而，自20世纪90年代以来，历史学的"物质转向"使得艺术史学、考古学和人类学对物质文化的研究不断增多。虽然中世纪考古学家几乎全都反对依赖历史资料的考古研究，努力将中世纪考古学从历史学的束缚中解放出来（见第三章），但在现代，历史学和考古学之间的界限已经不那么明确了。

图8-1 7世纪至8世纪中叶来自英格兰杜伦郡哈特尔浦的墓碑。据说铭文上写着："为弗蒙德（Vermund）和托赫苏德（Torhtsuid）祈祷。"这两个人名中的第一个是男性名字，第二个是女性名字。祷告请求可能是对上帝或圣徒的恳求。如果是这样的话，这块石头最初可能就在坟墓里，尽管它的风化状态表明情况并非如此。经纽卡斯尔大学和杜伦大学盎格鲁－萨克逊石雕语料库许可转载。版权：纽卡斯尔大学，摄影：G.分奇

考古学家对采用历史资料的研究方法反应更为复杂，历史学家也对考古文物进行了更深入的研究，这使得两个学科之间出现了共同点。人们更加认同，要理解中世纪民众的心理、人格、感官体验和社会复杂性，所有资料都必不可少。此处我们可以把书籍和资料作为实物物品，这些书籍和资料对于我们直观地了解中世纪的生活具有重要意义。正如本卷前几章所描述的那样，中世纪的生活对物质有各种各样的定义，这些定义明确了人们的地位、身份、归属感、信仰和愿望，也决定了社会、政治和宗教界限，使社会更加有序。在各种条件作用下，加之新基督教传统，新的文本物质形式得以产生并蓬勃发展，这些物质形式包括宪章、法律书籍、墓碑、福音书、书写工具、泥金手抄等。这些新的物品类型对社会产生了巨大的影响，它们能塑造并传播思想，对于人们形成所有权等权属理念产生了实质性的影响。

在本章中，我们通过探索6世纪至14世纪的器物来结束本书的写作。我们认为，物品的展示功能和文本的书写功能是中世纪西方社会器物发展的核心。虽然人们通常认为文本具有变革性，阅读和写作也被认为是"人类存在的核心意义"，但物品也传达了有关社会关系的复杂观念，并可以推进思想的前进。事实上，言语、文字和物品"都涉及类似的唯物主义实践……它们在根本上同人与人之间的交流和意义创造有关"。尽管中世纪社会越来越依赖文本，体制化也愈加严重，但书籍以外的物品仍然是表现社会状况、体现政治制度、定义身份、隶属关系和传达地位、爱、宗教等相关复杂信息的有力工具。正如罗宾·弗莱明和凯瑟琳·L.弗兰奇在本书第一章中所说，中世纪的人将自己的情感、记忆和精神力量投入自己的物品中。而在基督教背景下，如汉斯·亨里克·洛夫特·约根森在第五章中所说，信仰寄托于圣像、雕像及其他宗教物品。如史蒂文·阿什比在第二章中提出，故意拒绝某些形式的物品可能意味着拥有"独立的意识形态"，决定选择特定的物品是从视觉上确定某种特定关系或群体身份的方式，在社会或宗教地位方面更是如此。如山姆·特纳在第六章中证明的那样，破坏、废弃、清除以及侵占物品、建筑和场所在整个中世纪尤为显著。所有这样的行为都是支持中世纪权力的核心，即使在识字率提高和书面文字变得更加普及之后，这样的行为仍然很有必要。

中世纪早期北欧和西欧的人口最初主要是史前或原始的。各个社区都受到了晚古世界的影响，但在身份和物质方面仍然保持着深刻的区别。中世纪出现了新的文字（比如爱尔兰出现的欧甘文字或晚古时期日耳曼语世界出现的卢恩文字），有些人认为这是当地人和罗马人接触后产生的结果。但是，这种观点否认了当地群体独立创新的能力，并暗示这些人对繁荣、文明的后罗马欧洲时期没做什么贡献。例如，有证据证明，爱尔兰和苏格兰拥有早期识字传统，这意味着这些地区实际上可能一直处于后罗马世界的文明前端。

在这个历史的转变时期，早期的书写形式出现在便携式物品上。火葬用的骨灰盒展示了5、6世纪北海世界部分地区的共同殡葬理念，骨灰盒上有时带有卢恩文字印章，甚至还有雕刻的铭文（图8-2）。这些骨灰盒是在葬礼上使用的，但如加雷思·佩里（Gareth Perry）所言，许多骨灰盒似乎在被改为殡葬用品之前都曾在家庭中按照其他用途使用过。无论是本地的还是进口的，无论是为焚烧、墓葬还是为同时满足这两个用途而制造的，骨灰盒上的文字都寄托了亲友对逝者的哀思。无论是在家庭物品还是在殡葬用品上，器物上铭刻卢恩文字的做法已经为人们所接受。在公元第一个千年期的不同时期，爱尔兰、英国和斯堪的纳维亚半岛的立碑上使用的欧甘、拉丁语、古英语字母和符文，也证明了"文字"被人们所接受，甚至成为我们研究祖先、家谱、所有权制度和场所信息的新材料。中世纪作家们认识到，石头的变化比人类的生命历程慢得多，他们将文字刻在石头上可能是有意利用这种持久性以确保这些人类的话语和主张能够得以保存并持续下去。这些石头展示了文字和物品（本例中则是纪念性的物品）之间强大的协同作用，标志着书写成为一种新的纪念和记录方式。

图8-2　来自英国林肯郡洛夫登山博物馆的火葬瓮，上面刻有卢恩文字铭文（大英博物馆，1963年，1001.14）。经大英博物馆许可转载。版权：大英博物馆的受托人

因此，从器物入手，我们探讨早期社会文字对社会发展的影响。接着我们探讨中世纪晚期的文本对现存世界的影响，并探讨后几个世纪中文本和器物之间的相互作用。最后，我们探究中世纪文本在储存社会记忆中的作用。

物品的表现力与故事创造力

在欧洲中世纪研究领域，坟墓是研究最多的环境之一，而且往往也是最引人注目的。在公元第一个千年期，西欧的许多社会都举行葬礼，葬礼上有一系列物品被投入火堆或放入坟墓。葬礼过程像一个剧场，在这个剧场里，地点、遗体、坟墓和存放在里面的物品都各有意义，在葬礼上，这些物品承载着逝者的过往，与逝者一起安葬。无论是土葬还是火葬，这些物品都让我们有机会去探索参加葬礼的人的身份背景和社会地位等相关信息。

在公元第一个千年期，最令人难忘的墓葬之一是在挪威奥斯陆峡湾（Oslofjord）发现的奥赛贝格号（Oseberg）船葬。大约在9世纪中叶的一个非基督教社会里，两名年纪分别为六七十岁和五十多岁的女性被埋葬在一艘海船上。五十多岁的女性身边有装饰精美的木质雪橇、手推车、一个大锅和大量可移动的物质财富。在她身边还发现了三个上了锁的箱子，用铁器装饰得非常漂亮。其中一个装有大量的纺织工具，另一个在古代被盗，可能曾经装着珠宝，但在这座女性坟墓中显然没有珠宝。第三个是盗墓者留下的箱子，上面布满铁钉，里面有一种长木棍或权杖以及一种铁灯，这些都被认为是与巫术有关的物品。该墓中被认为埋葬的是一位重要女性，可能是女王、典礼祭司或是富有的地主。物品、纺织品和地点之间的特殊联系也证明了这样一种观点。

和大多数葬礼一样，这场葬礼一定是一场公开活动。船的位置、陈设物品的摆放及祭祀行为的痕迹都生动地证明了这一点。甲板上的十匹马和三条狗在死之前都被砍掉了脑袋，船头还有更多残骸，这些都证明了这场活动一定伴随着暴力和喧嚣。事实上，这类活动的关键是其节奏和时长，暴力、表演、声音和沉默的节奏在参与者的脑海中勾勒出了对这一活动的记忆。葬礼结束后，墓穴在一段时间内仍可以进入。人们对这一观点仍有争议。有观点认为，建造"奥赛贝格号"速度很快，所花时间不长。但我们仍然可以设想这样的场景，船和物品、纪念碑是为了"通过移动和时间对死者进行纪念"。这样的殡葬活动被描述为诗歌（口头叙事和故事的具体表现），确保人物和事件能够持久地享有盛名。

如果将这个葬礼活动看作一个器物的世界，我们就可以将每一件物品与葬礼中的复杂信息相对应。在放置船只、遗体、陈设物品的过程中，构建坟墓空间需要有序进行一些复杂活动，这些活动共同展开故事，每次互动都为故事增加一条主线。然而，在这个大故事的背景下，也有一些"小故事"，即物品中的盒子和箱子，其中一些装有纺织设备，而另一些古代被盗走的箱子和盒子中可能装有更珍贵的个人物品。木箱和棺材及更小的金属工作箱等经常出现在中世纪早期的女性坟墓中。这些工作箱中装有纺织品设备、织布和刺绣设备、线、植物和种子，此外还有化石、珠宝、罗马玻璃和钥匙、刀具等不寻常的异国物品。挪威北桑德加德西边的博恩霍尔姆岛（Bornholm）发现的物品有针线和野生洋葱。这些容器就像"奥赛贝格号"中的大箱子一样，让我们能够有幸一瞥隐藏其中的小物件和更多的个人故事。这些小物件包括梳妆用具、针线、纺织工具、纪念品及用于治疗的草药。也许正是在这种考古时刻，我们才有机会发现隐藏在葬礼中的个人故事。

因此，通过葬礼故事，我们了解到器物所具有的叙事功能和作用。

在中世纪，陪葬品并不是唯一"见证"了埋葬过程的"收藏品"。从6世纪到15世纪，在家庭中，囤积或出卖物品的行为极为常见。虽然这种存放行为长期以来一直被认为是一时冲动，甚至是临时起意，但人们也可以通过这些隐藏的物品来理解它们的品质、组成和位置。物品在从一个地方到另一个地方或从一个人手里到另一个人手里的过程中，可以通过易手或买卖，其意义也发生了改变。

19世纪时，在挪威东南部布斯克吕郡（Buskerud fylke）弘（Hon）农场发现的弘堆积（the Hon hoard）是维京时期金属制品的大集合，其中包含约二百件物品，有许多完整的个人饰品，如连衣裙、硬币和玻璃珠。它可能是在9世纪沉积在一个有水的地方，也许从来没有人打算把它找回来。其中一些物品被翻新过，如中世纪早期法国制造的三叶形胸针，还有许多装饰品，如用金银币做成的吊坠。这些硬币和物品在制造时间上跨越了近五个世纪，代表了斯堪的纳维亚半岛的物品，也代表了罗马、拜占庭、盎格鲁－撒克逊英格兰[1]及加洛林王朝和伊斯兰世界的物品。另外还有几个罕见的金臂环和颈环。鉴于其货币属性，人们可能首先会从经济角度看待这

1　盎格鲁－撒克逊英格兰：指中世纪早期从公元5世纪罗马不列颠统治结束到1066年诺曼征服之间的一段英格兰历史时期。——译者注

些物品。但是这些物品又是装饰品，这意味着它们并非用于日常流通，而是被"转化为工艺品，这些工艺品是地位的象征，无论是对捐赠人还是受捐赠人皆是如此"。这些物品及其原料贵金属都具有重要的社会价值，其收藏价值不仅仅在于其用贵金属制作而成，还在于它们代表了那些制造和收藏这些物品之人的影响力，以及他们的政治地位。经过翻新的物品也表明了人们拥有获得稀有物品并委托将其改造成新装饰品的意愿。这使贵金属成为富有和政治资本的代名词。因此，囤积物品应以多种方式解读。囤积物品是展示经济状况的关键要素，在特定的经济环境中，人们通过穿戴向他人炫耀自己的财富，并且有能力将富余的财富积累起来并转化为可携带的物质财富。当这些物品聚集在一起时，它们就成了一个更长、更复杂的考古学故事，这个故事涉及掠夺和贸易、政治权力和影响力、变革性技术及精英间的交换和展示。以上过程让物品积累了自己的故事和地位。在维京人坟墓中发现的掠夺物可能不仅仅是战利品，它们可能"承载着身份、地点和历史信息"。一件物品可能增加了旅行和冒险的戏剧性叙事，有助于证明这些故事，并在人们的脑海中加深对这些故事的记忆和想象。通过将这些珍宝集中在一个单独的储藏单元中，它们的行程及它们所携带的记忆和故事，可能已经被捕捉并融合在一起，使这些物品具有某种真实性和传奇性。

在中世纪背景下，储藏的物品规模有限，价值也很一般。在整个中世纪的建筑和定居点范围内都发现了特殊的供奉品遗迹，有动物器官、墓葬、织布机砝码、史前物品、珠宝、铁制品和工具等。在现代早期，欧洲和北美的墓葬中也有相似遗迹，有瓶子、动物遗体、动物器官和鞋子。将物品放在水里保存也是一个非常悠久的传统，从史前时期到中世纪晚期都是如此。虽然这些不同的行为不太可能有独特的意义或动机，但这些发现表明，在重要地点和事件中使用动物，体现了动物在古代祭祀物品中的重要性。物品的摆放可能决定了庄园的边界，标志着生者对庄园或土地的继承。因此，重要的是要记住祭祀行为不仅在宗教方面具有重要意义，而且在标记重大政治事件和社会事件方面也是如此。例如，在泰姆（Thame）附近发现的一小批中世纪晚期的戒指和硬币，可能是英国宗教改革时社会和精神动荡的结果，但它位于一条漂流的支流上并且是历史上的教区边界，这证明了在"具有深刻文化和社会意义的边缘地带"，有一种特殊保存模式。

当然，数千年来，人们一直在藏宝。这种行为并不只存在于欧洲，也不局限在西方中世纪。从劫掠宝藏到应对社会经济等环境压力而产生的仪式和行为来看，随着时间的推移和地点的不同，人们对它们的解读也有所不同。囤积过程可能提供了一种控制物品的方法，防止其货币或社会价值的实现。各类贮藏品还可以通过减少其流通，或使材料在人们心中具有传奇地位，从而增加物品的"价值"。因此，如同其他时期和其他地方一样，在中世纪的欧洲，就像坟墓或火葬场使人们能够看到从过去世界中取出的物品一样，某些类型的囤积和隐藏行为也可能同样得到"见证"。正如德莱斯·泰斯和彼得杨·德克斯在本卷第三章中所说，展示是获得和重新分配珍贵商品的重要一环，不让他人获得也符合精英们的利益。

宝藏的力量在中世纪早期的《贝奥武夫》（起源于8世纪）中得到了有力的体现。《贝奥武夫》中的物品和宝藏是叙事和节奏的核心；它们唤起了过去和现在，唤起了忠诚，但也带来了绝望。英雄贝奥武夫在古代荒冢中重新发现了这座巨大宝藏，名望与厄运同行，并与痛苦联系在一起，但在悲剧的最后一幕中，宝藏再次被赋予了新的目的，并通过重新放置在埋葬贝奥武夫的火葬柴堆上，赋予了宝藏新的生命、新的政治意义及社会意义。

如上所述，坟墓中的物品、窖藏和其他形式的隐蔽贮藏物具有叙事的能力，这对塑造中世纪早期世界的故事至关重要。在藏匿和存放物品的过程中，这些物品可能会在人们对中世纪的想象中积累新意义和新奇感。对这些考古沉积物的研究可以为中世纪的器物世界提供非凡的见解。囤积物体现了政治、社会和意识形态的痕迹，但也让我们能洞察美学和文化联系。然而，它们的发现可能同样具有强大的冲击力，能打破和改变现有的叙事方式。但值得注意的是，与墓葬不同，在中世纪及以后，囤积行为和物品的特殊存放更加普遍，而且这在欧洲中世纪是一直以来的文化传统，物品标志着对地方的所有权和控制权，也极大地影响了人们对习俗和历史的传承。

文本中的物品

我们已经确定，中世纪早期具有特别的社会组织和社会权力结构，金属制品和宝藏支撑了这种社会权力结构的运行。本卷第三章的作者德莱斯·泰斯和彼得杨·德克斯认为，这种"原料"承载着赋予精英权力所必需的社会资本，正如史蒂文·阿什比在第二章中所说，事实上，不仅仅是珍贵商品本身，生产技术和关系网络也都是中世纪早期精英身份的核心组成部分。然而，在中世纪晚期，由于商业社区的发展，人们有了更多机会获得商品，财富流动也更加频繁，这使商品有了新的表现力，能通过精英阶层及其礼物交换颠覆传统的商品和财富流动，并改变贵金属的社会价值。所以，10世纪末或11世纪，《贝奥武夫》的故事在英国继续流传，当时有更多的商业机会，再加上生产方式的改变，人们有更多机会获得材料和商品。

这是一个技术深刻变革的时期。识字率的提高让普通人在日常生活中能接触到书本这一强大的物质媒介。在中世纪社会中，参与公共仪式是塑造和巩固各种权力和关系的关键。人们在会议和集会上开始用书面文件进行决策，也用书面文件记录判决和土地授权等，书面文件的发布和制作成为法律规定和土地授予的核心。然而，绝大多数行为仍然是口头形式。在中世纪早期的英格兰，书面遗嘱开始出现，书写成为叙述、记录关系和行为的主要手段。此时，遗嘱并不等同于今天的遗嘱；它是一个由活着的人进行的见证仪式，在这个活动中，活着的人评估并分配他们未来的物质财富。盎格鲁－撒克逊的贵妇温弗雷德（Wynflæd）用自己的遗嘱在当下构建了一个属于她自己的安全的关系网络，巩固了自己在现在和未来的关系及权力。

……给伊吉芙（Eadgifu）两个箱子，里面装着她最好的床帐和亚麻布罩，以及与之配套的所有床上用品……还有她最好的暗褐色束腰外衣和最漂亮的斗篷，两个有圆点装饰的木杯，还有她那价值六个曼库斯[1]的旧丝线胸针……

乍一看，这份遗嘱似乎只是一份财务清单，但其详细程度增加

---

1 曼库斯：mancus，是中世纪早期欧洲使用的硬币，一个曼库斯相当于30便士。——译者注

了些意义，特别是如果我们将这份清单视为一个事件的见证，其中涉及参与者和证人，它公开表明了事物的价值和意义。在遗嘱中，我们可以明确得知温弗雷德拥有古老而珍贵的珠宝、酒器、家具和大量亚麻布。这些都是她要处理的东西，她选择把这些物质财富传递下去，特别是传给她的女儿和其他女性亲属。历史学家注意到，女性遗嘱在一定程度上具有特殊性，其强调分享和传递财产，尤其是将财产传给女性。令人感兴趣的是，即使在温弗雷德留下的丰富又复杂的遗嘱中，也有前文所提及的那些器物，如墓葬中的陪葬品等。与死者一起埋葬物品的行为早已结束，但这表明，物品仍承载着巨大的作用，它们的分割和处置需要特殊的处理和仪式，在阐明和巩固地位、身份及建立与维持社会关系方面仍然发挥着作用。

在中世纪，遗嘱并不是能将财产用书面方式确权的唯一途径。在14世纪和15世纪，皇家没收吏（Royal Escheator）[1]代表王室没收重罪犯、逃犯和自杀者的财物。在履行职责的过程中，他制作了没收物品和财产清单，这为了解中世纪非贵族家庭的财产提供了独特的视角。与几个世纪前遗嘱必须公开执行一样，在中世纪的清单中，仅仅列出财物是不够的，还要检查这些财物，仔细清查这个人的房子和收藏品，并记录物品的颜色、形状、样式和价值等信息。这些清单既是实物，也是一种文字表达。在北安普敦和路特兰郡的皇家没收吏约翰·韦斯顿（John Weston）于1397年11月至1399年11月期间记录的档案中，有一份关于奥丁顿（Ordyngton）的杰弗里·克

---

1 皇家没收吏：官职，帮助王室接管和管理在当地没收（或者被归还）的土地与财产，维护国王作为土地所有者或者财产所有者的权利。——译者注

朗伯（Geoffery Clomber）的货物和财产清单。他是一位牧羊人，是重刑犯和逃犯。从这个清单中我们得知，杰弗里拥有如下物品[1]：

1头母牛（拉丁语 vacca）——称为 hekefor（即小母牛），5先令

4只小猪（拉丁语 porcell'），每只8便士

公鸡、母鸡、鹅（1只公鸡，5只母鸡，2只鹅）——19便士

3蒲式耳[2]的豌豆、小麦和黑麦——18便士

1条毯子——破旧的（debil'），2便士

1架纺车（spynnynwhele）

1把干草叉（pykfork），18便士

4只羊（oues matrices），4先令4便士

2路德[3]种了豌豆的土地，20便士

2个铜锅和1个破铜锅，3先令9便士

木质器皿、凳子和器具，14便士

除以上物品外，他在该镇没有其他物品或财产。

简单来说，我们可能会认为这份清单反映了杰弗里家中的物品，其估值即便不是这些物品的市场价值，也反映了当时的价值体系。

1　这份清单是"英国农村家庭生活标准和物质文化项目"的第一部分，由马特·汤普金斯（Matt Tompkins）博士确认并翻译，由经济史学会和牛顿信托基金资助。——译者注

2　蒲式耳：bushel，容积单位，用于度量固体。英制1蒲式耳相当于36.37升，美制蒲式耳相当于35.24升。——译者注

3　路德：rood，英制面积单位，也叫"叉"。1路德相当于1011.71平方米。——译者注

我们可以继续深入研究清单的含义。在制作清单的过程中，就像遗嘱的定义一样，"作者将物品转化为文字"。清点物品不是一个被动的过程，而是一个对事物的价值和意义进行反思及定义的过程，它通过这种方式表现器物世界。我们可以在杰弗里·克朗伯的清单中看到，有些物品值得单独列出，未被归入某一类物品，而有一些则被归为"木质器皿、凳子和器具"。无论是在语言的选择上，还是在赋予这些物品的货币价值上，我们都能从中感受到公众对这些物品价值的判断。这些不是简单的观察，而是对这些物品相互关系的分析。如果我们认为物品是通过关系来定义的，那么对物品关系的描述就会改变它们的定义。这些清单不是我们思考事物的认识论工具，而是挑战和定义事物本体论地位的方式——是我们认识这些物品的一种手段。

通过清单我们能够了解物品及相关人员的权利义务关系，能够理解某些物品，在特定历史变革中所扮演的角色。

事物不是在文本中僵化，而是在文本中流动或巡回的；文件中的东西不是"死的东西"，而是可以传播并具有影响力的东西。让我们以杰弗里的"破铜锅"为例。我们不知道这件物品是如何破损的，它可能已经失去了装东西的能力，或者可能少了一个支撑脚或把手。正如丹尼尔·L.斯迈尔所指出，"破旧"的东西在中世纪的清单中经常出现。它们可能诉说着贫穷，可能用临时物品"将就使用"，或者能保留有价值的材料进行回收。遗憾的是，这个破碎的容器与另外两个锅放在一起进行估价，因此我们无法确定它的价值。但我们可以确定，它被认定为破损的（文字表述也是如此），而且对物品的价值有影响。它可能被送去回收，或与其他家庭用品分开。这不是一种被动的描述，而是一种评估，杰弗里的物品看起来都相当朴素，对这些物品的描述也几乎没有什么修饰。但有些物品则比较引人注目，例如，伯克郡（Berkshire）沃林福德镇（Wallingford）的农夫约翰·查洛纳（John Chaloner）的财产中就有"一张与鸟儿一起使用的蓝色软床"。斯迈尔在评论地中海城市家庭清单时认为，详细的描述是有特殊原因的，在这种情况下，已经被典当的物品可以很容易被识别出来，这代表债务人可能抱着赎回的愿望而拿去典当那些物品。值得注意的是，在杰维斯分析的没收吏清单中，约翰·查洛纳的床是唯一有如此详细描述的物品，这表明用文字记录物品的方式可能有其他更重要的目的。就没收吏的清单而言，这些是作为惩罚而没收的财物，而就地中海的那些物品而言，其目的则是索要债务（尽管应该指出，拖欠债务是一种重罪，财物将被判处没收）。

由于12世纪和13世纪的商业化，与财产有关的行政、财务和法律文件越来越多。有些商品流动虽然较少，但也需要进行法律规制。书面登记的管理方式，正是迎合了这类商品管理的需要。玛莎·豪厄尔（Martha Howell）指出，在中世纪时的（比利时）根特，市场的发展打破了不动产（不可转让）和动产（可转让）商品之间的传统划分，商品化的房屋和土地被归为不动产。法律和财务文件对于重新定义财产的地位至关重要，因为它们记录了解决纠纷的法律实践的细节。布鲁诺·拉图尔（Bruno Latour）将法律定义为一个"行动者网络（Actor-Network）"，在这个网络中，法律不是文件（作为决定的代表），而是它们所参与的实践。我们可以在此扩展这一思路以认识到特定事物的能动性和破坏力，无论它是土地、房屋还是更小的财产。商业化也对礼物交换产生了影响。书信和叙述性文字记录了物品作为礼物的流转过程，而通过法律文件进行登记则是对物品所有权的确认，对其流转方式也产生了影响。作为礼物，物品被转移至他人之手，巩固了双方的友谊和联系。作为商品，通过登记而确权，物品的商品属性通过交易而得到体现。

估价通常由委员会根据经验和对物品的先入为主的观念进行。虽然确定物品本身的价值未必一定要通过交易来实现，但是通过交易，还是能在一定程度上体现物品本身的货币价值。典当行的使用提供了一个生动的例子，说明当物品被主人买回时，物品作为财产的地位可能会重新出现。这种"书面记录"对于确定合法所有者至关重要，并且在这样做的过程中提供了一种可以使物品作为财产继续存在的手段。

当这些物品在财务清单或遗嘱中出现时，虽然能体现一定的价值，可是一旦继受者不爱护它们，它们也可能被弃之一旁或被损坏。但即使它们被丢弃或损坏了，根据这样一些文献记载，后人仍然能对这些物品有所了解。正如罗宾·弗莱明和凯瑟琳·L.弗兰奇在第一章中所提及的中世纪的禁奢令。遗嘱中需要注意的是，在衣物遗赠中显示出对禁奢令的遵守，遗嘱不仅以文字的形式对物品进行了记载，也体现了遗嘱人良好的品格和道德。因此，文本化有可能打破时间的线性流动，让物品通过与文本的接触而浮现或中断（比如在学术调查中）。以床单为例，床单是昂贵的物品，通常是没收吏清单中仅次于金属炊具的最有价值的物品之一。单个床单或床罩的价值可能从1先令到2先令6便士不等。所以，这些物品通常通过遗嘱继承，在几代人和家庭之间建立联系也就不足为奇。因此，没收吏对这些物品的没收破坏了一个家族之间的传承过程。它剥夺了这些物品在家族内部流传的可能，并将其重新塑造成商品，卖给其他人；这份清单并不能反映这些器物的全部历史，而只是这些物品被处置的未来归宿，并且为我们研究考古提供了机会。例如，我们在杰玛·沃森（Gemma Watson）对南安普敦的富人罗杰·马查多（Roger Machado）的财富分析中看到了这一点。马查多的清单中出现的物品主要是考古记录中没有的物品，但它们被作为物品本身进行分析。沃森生动地再现了中世纪房屋的特征；这些物品具有代表性，它们突破了我们对中世纪的理解，反映了我们过去研究中未涉及的领域。

文本与"事物"

文件是物品网络的一部分，但它们也是由材料本身构成的。斯迈尔描述了在地中海地区，书写清单的纸张是如何用回收的亚麻布制成的；这些信息都是由文字记录的。识字能力的发展也催生了新的物品，如铁笔、墨水、用于打磨笔尖的刀、照明设备、书本装订器和支架等物品。这种文本化也不是单一的过程，在法律和财务工作中制作和使用的行政文件会催生一系列不同的文本，如宗教文本。

因此，中世纪的文本本身就是变革的有力推动者，有可能改变人们与物质世界打交道的方式。手抄本、福音书、诗篇、契约、遗嘱和清单确实代表了某种物品世界，但这并不是它们的全部。它们的作品延伸到了其他领域，创造了新的物品世界。正如汉斯·亨里克·洛夫特·约根森在第五章中所探讨的那样，基督教手抄本是一种有展示作用的东西，"同时是一个圣物箱、一个宝库、一个神龛、一件祭物……一个礼拜仪式道具、一个化身的象征……"。文本的影响可能是强大而深刻的，例如在中世纪，宗教文本的流通与获取渠道增加直接促成祭祀的物品增多。如邦尼·埃弗罗斯在第七章中所探讨的那样，这类物品带有个人因素，作为礼物和家庭物品，它们表明了中世纪家庭内部的亲密关系。到了中世纪后期，为了满足人们的广大需求，大量的经书和包含祈祷词选集的书籍被大量编写和印刷。由于供应日益增多，个人灵修物品也开始流行起来，如念珠、徽章、信物和戒指，其中一些刻有帕特斯（Paters）、圣母经（Aves）和其他祷文的文字。在上文讨论的隐蔽的宝藏中发现的泰姆戒指可以追溯到14世纪末，它说明了珠宝首饰是如何表达个人信仰的，并且这些表达可以作为护符或咒语。这件物品上装饰着一系列字母，拼作Memanto Mei Domine（"主啊，请记住我"），并有一个可拆卸的盖子，隐藏着一个可能曾经装有遗物的空间。在宗教改革时期，这些个人物品可能作为一种抵抗形式而发挥作用。事实上，这枚戒指和宝藏很可能是为了应对这一时期的宗教动荡而被隐藏起来的。

正如刻有文字的物品可以作为表明宗教和政治派别的有力物品一样，遗嘱、契约、清单和其他官方文书可以被认为是控制中世纪器物的新的、有效的工具。我们可以认识到，这些文本不仅仅是事物的表征，而且包含了对事物本质的描述。但是，如果我们将这些文本本身视为物品，会发生什么？这是马修·约翰逊提出的想法，他认为遗嘱认证清单本身就是文物，是特定过程中产生的文物。

西欧地区的一些早期书面文本涉及土地所有权和归属问题。契约（charter）是"登记土地或动产的赠与或出售的'单页'文件"。在加洛林王朝的社会中，契约大多由王室发出，或与特定的教堂或修道院有关，圣加尔（St. Gall）修道院留存下来的契约证明了原始文件的保存，以及为了存档而增加的对捐赠者和土地的简短描述。

来自这两个地区的契约都在人们的见证下产生，需要有人在场来证实这一事件，因此有许多人在加洛林契约上签名，有些契约上有二十多个证人的签字。这类活动本质上是一种仪式，即经过精心设计的权力展示，象征性的交易经过众人的见证，具备了执行的条件。罗莎蒙德·麦基特里克（Rosamund McKitterick）认为，契约标志着法兰克人"从记忆到书面记录"的过渡。这些文本能够记录物品的权利，也有助于我们对此进行研究。土地契约或证书通常包括一个边界条款，它详细描述了所持有的土地及周边特征，如灌木、岩石、树木、界碑及其他的自然和人为特征。正如山姆·特纳在第六章中所探讨的，在中世纪社会，人们逐渐认同自己生活的场所，通过长时间的生活，一些习俗慢慢地固定下来。地契中对土地周围的环境也进行了描述。事实上，对边界的描绘是中世纪社会特点，这一特点也在一些地方的农村习俗中得以保留。详细的书面边界线使人们重新审视这些具体的、描述性的地标。将材料或实物转化为文字是一个变革性过程，在这个过程中，地契描述了周围的地标和界碑。这在中世纪欧洲的许多地方都很常见。例如，在斯堪的纳维亚半岛，中世纪的土地登记簿主要是从13世纪和14世纪开始记录的，其中含有个人和土地的详细信息，也有对庄园、田地和草地的描述及收入情况。它们标志着文本成为记载物品的方式，这些书面契约也改变了中世纪人们对于财产物权确认、转让和继承的方式。在10世纪和11世纪的英格兰，契约是教会文件，但它们仍然需要被非宗教人士认可，从而证明其有效性。证人名单证实了见证活动中的观众种类，这些契约有时也会写明使权利生效所需的构成要件。8世纪一个著名的例子是王室将一座修道院及其土地赠予英格兰肯特郡的坎特伯雷基督教堂，通过将一块草皮和地契放在坎特伯雷的祭坛上，来确保王室捐赠程序的合法性。即使在12世纪和13世纪，土地转让仍需要地契这种必要的条件。

在讨论契约时不能不提及印章。11世纪时，欧洲出现了与契约直接相关的印章。印章是带有铭文、肖像和纹章装置的个人私密物品，12世纪时，它们在社会阶层中迅速传播，供骑士、商人、教会和权贵们使用。这些印章由金属或木材制成，挂在链子上或拿在手上，能够证明人的身份，也可以压在蜡上留下印记——这是一种签名或独一无二的标识符。古典宝石有时被镶嵌在印章中或用作图章，这种做法在12世纪特别流行。正如越来越多的人接触到宗教文本和著作从而促进了与之相关的新的器物种类的发展一样，中世纪政府机构的增多，也增加了官方文书的种类。中世纪的学术著作也提及了在物权变动中所使用的一些工具。比如在土地赠与过程中所使用或附随的杯子、刀剑甚至木棍等。1213年，有人对杜伦修道院的院长（Prior of Durham）提出了反对，并制作了一份契约，这份契约上没有印章，而是"一把刀"，杜伦修道院至今还保存着这份契约，该契约附有一把刀，刀刃破损生锈，刀柄光滑。

因而，这类契约文书可以记载器物的历史和权利变动的过程。契约上的印章也成了必不可少的要素，它是一份契约生效所必需的构成要件。纸质契约把产权界定的法律带入了新的历史阶段，也将口头交易转让不动产物权的习俗变为了过去。

早期现代遗嘱认证清单的研究也非常重要，清单不一定能准确反映家庭所有的物品。正如凯瑟琳·A.威尔逊（Katherine A.Wilson）在她对中世纪晚期勃艮第的清单分析中所展示的那样，清单作为一种文化物品，反映了物品的价值、材料及时尚因素等信息。

遗嘱与清单有很大不同。虽然清单记录了物品的存在，但遗嘱则说明了对某一物品在其所有者去世后的去向安排。在中世纪的遗嘱中，将物品记录在遗嘱中，一方面可以对物品进行盘点登记，另一方面可以对物品的权属进行确认，对物主死后的财产，也做了安排。通过遗嘱，可以将财产的所有权明确地继承给特定人，防止其他人进行无权处分。塞缪尔·科恩（Samuel Cohn）的研究表明，在中世纪的意大利，遗赠在13世纪具有明显的金钱色彩，几乎没有证据表明人们希望遗赠特定物品，更不可能遗赠土地。相反，人们更愿意清算自己的资产，将其转换为金钱留给受益人。然而，在黑死病之后，遗嘱发生了变化，回到了将具体物品遗赠给受益人的模式。到了中世纪晚期和现代早期，遗赠似乎重新成为建立并维护身份的重要工具。

结语

许多人认为，"一个记录自己的社会，其实质上与没有记录的社会是不同的"。公元6世纪至15世纪，北欧和西欧的民众从一个基本上没有文本的世界过渡到一个有文本甚至文本渗透到农村人口的世界。但是，"史前世纪"的人并非文盲，也不缺乏文本或叙事过程。现存的记载通常是在事件发生很久后才被写下来的，我们从中了解到，故事、神话和传说是身份和地点形成的核心。中世纪早期伴随着人口的流动和思想的变迁，"地盘划分"和家族纷争往往是第一个千年后几个世纪出现的文学作品的核心。当时，财富和资本都是基于对关键资源的控制，包括贵金属、动物、土地等。因此，物品对中世纪早期世界的结构和运转有着重要的意义也毫不奇怪。这些物品在促进社会发展、形成社会规范等方面发挥了巨大的作用——获得某些物品或材料可以使个人、家庭或社区与其他人区别开来，并提高其生活水平和社会地位。正如邦尼·埃弗罗斯在本卷第七章中所述，物品和财产"在整个中世纪的人际关系中起着至关重要的作用"。在一个经常遭受损失的世界里，物品使中世纪人相信一种永恒，无论这种永恒是源于向神龛赠送衣物、履行遗嘱、委托制作墓碑，还是进行充满活力、引人注目、物品丰富的葬礼表演。正如史蒂文·阿什比在第二章中所说，了解原材料和生产、影响或管理物品的制造，以及控制物品的转化和再加工，对于精英的控制过程来说都是必要的。物品被认为是有生命的、能动的、能够改变的，而且通过它们的流动性和便携性，它们的存在或重新出现可以引起重大变化。这也许就是为什么物品在管理和决策时如此重要的原因。在中世纪，掌控权力意味着能获得资源和控制局面。

在第四章中，托比·马丁指出，日常物品的效能来源于自身的声音、气味、触感、寿命和磨损等，物品表现了制作者的创作风格和主人的审美品位。因此，物品也具有了叙事功能，向我们表现了中世纪的风貌。一个社会的法律传统是逐渐形成的。在中世纪，文书被用作记录和确认法律权利的载体，而签名则成为法律权利成立的必要构成条件。正如墓葬物品被用来"叙述"逝者及其与生者的关系一样，公众为了遗嘱而分割财产，或为清点物品而制作清单，都具有复杂的社会目的。然而，随着文本的激增，人们对物品和商品的看法改变了。物品商品化程度的加深和流通的增多，以及更易获得，为物品的发展带来了新的机遇。正如德莱斯·泰斯和彼得杨·德克斯在第三章中所探讨的那样，随着城市市场和批量生产的蓬勃发展，一些物品类型变得丰富且能容易获得，例如连衣裙的金属配件，中世纪用于塑造和包裹身体的纽扣和蕾丝标签、扣子、别针和胸针。书面文本可以用来管理物品，记录所有权，就像地契的界限一样，通过文字记录，确认了相关的法律关系。物品通过一次次的文书确权，在不同人手中流转，记录了历史，承载着回忆。

即使是在中世纪晚期社会中，物品也可以是控制物，能够开启一个时期并衔接不同时期，让持有者获得过去的合法性，促使人们"记住"事件和地点。因此，中世纪的物品可以以一个地方或景观中的古老纪念碑或建筑作为记忆和身份的载体，创造一种真实感，并传达一系列关于地位、所有权和归属的价值观。文本也可以作为物品使用，以书面文字的形式赋予或确认某种法律权利。这些文字记录着事件、地点、收入和财产，留存了历史记忆。13世纪以后，大量文献资料表明，书面文字在确认法律权利方面发挥了巨大的作用，并永远改变了历史。

作者简介

史蒂文·阿什比（Steven Ashby），英国约克大学高级讲师，中世纪考古学家，研究维京时代手工艺、家庭活动、远途交流以及这些元素在生活中的关系，尤其是在城市环境中的关系。已出版著作有《维京人的生活方式》（*A Viking Way of Life*）（安泊利 Amberley，2014）、《中世纪的日常产品》（*Everyday Products in the Middle Ages*）［与吉特·汉森（Gitte Hansen）和艾琳·鲍格（Irene Baug）合著，奥克斯伯（Oxbow）出版社2015年出版］，以及《维京城镇的工艺品网络》（*Craft Networks in Viking Towns*）［与索仁·辛德巴克（Søren Sindbæk）合著，奥克斯伯出版社2019年出版］。

彼得杨·戴克斯（Pieterjan Deckers），丹麦奥胡斯大学城市网络发展中心（UrbNet）博士后研究员。重点研究5世纪至10世纪北海地区的社会和经济联系。他目前的研究项目涉及最近在维京时代贸易小镇里贝（Ribe，丹麦）的一次挖掘。

邦尼·埃弗罗斯（Bonnie Effros），英国利物浦大学经济与社会史教授。她发表了许多研究古代晚期和中世纪早期的高卢墓地及现代法国考古学历史的作品。其专著《偶然的考古学家：法国军官和罗马北非的重新发现》（*Incidental Archaeologists: French Officers and the Rediscovery of Roman North Africa*）（康奈尔大学出版社，2012年）荣获法国殖民历史学会2018年阿尔夫·安德鲁·赫格戈伊图书奖（French Colonial Historical Society's 2018 Alf Andrew Heggoy Book Prize）。

罗宾·弗莱明（Robin Fleming），美国波士顿学院历史学教授，2013年获麦克阿瑟奖。已出版专著《诺曼征服时期的国王与领主》（*Kings and Lords in Conquest Britain*）、《末日书与法律》（*Domesday Book and the Low*，剑桥大学出版社，2004年），即将出版《罗马不列颠的物质衰落：罗马物质文化制度及其终结（约300—550年）》（*The Material Fall of Roman Britain: The Roman Material Culture Regime and its End, c.300-c.550*）。

凯瑟琳·L.弗兰奇（Katherine L. French），美国密歇根大学中世纪史教授。已出版专著《教区民众：英国中世纪晚期教区的社区生活》（*The People of the Parish: Community Life in a Late English Medieval Diocese*，宾夕法尼亚大学出版社，2001年）和《教区的善良女性：黑死病后的性别和宗教》（*The Good Women of the Parish: Gender and Religion after the Black Death*，宾夕法尼亚大学出版社，2008年）。新书《中世纪晚期伦敦的家庭用品和好家庭：瘟疫后的消费和家庭生活》（*Household Goods and Good Households in Late Medieval London: Consumption and Domesticity after the Plague*）即

将由宾夕法尼亚大学出版社出版。

本·杰维斯（Ben Jervis），英国加的夫大学考古学高级讲师。主要研究方向为物质文化（尤其是陶器）、城市考古学及中世纪历史理论方法的发展。已出版专著《中世纪英格兰的陶器与社会生活：关系研究法探索》（*Pottery and Social Life in Medieval England: Towards a Relational Approach*，奥克斯伯出版社，2014年）和《考古学中的组合思想》[*Assemblage Thought in Archaeology*，劳特利奇（Routledge）出版社，2019年]。目前任《中世纪陶瓷》（*Medieval Ceramics*）杂志联合编辑。

汉斯·亨里克·洛夫特·约根森（Hans Henrik Lohfert Jørgensen），丹麦奥胡斯大学艺术史与视觉文化副教授。目前主要研究中世纪拉丁语的宗教、机械和身体意象动画的理论与媒介。相关著作有《饱和感官：中世纪的感知与调解原理》（*The Saturated Sensorium: Principles of Perception and Mediation in the Middle Ages*，奥胡斯大学出版社，2005年）。

朱莉·隆德（Julie Lund），挪威奥斯陆大学副教授，主要研究本体论及维京时代和中世纪早期斯堪的纳维亚半岛的人文景观。

托比·F.马丁（Toby F. Martin），牛津大学继续教育学院考古学系讲师，专门研究早期中世纪文物及其解读。

莎拉·森普尔（Sarah Semple），英国杜伦大学考古学教授。主要研究中世纪早期英国和北欧的人文景观。已出版专著《盎格鲁-撒克逊所属英格兰远古史》[*Perceptions of the Prehistoric in Anglo-Saxon England*，牛津大学出版社，（2013）2019年]，与他人合著《谈判北方：寻迹北海地区中世纪会议》（*Negotiating the North:*

Meeting-Places in the Middle Ages in the North Sea Zone，劳特利奇出版社，2020年）。

山姆·特纳（Sam Turner），英国纽卡斯尔大学考古学教授，麦考德景观跨学科中心主任。目前的研究重点是英国、欧洲和地中海的历史景观。他也是米纳斯吉拉斯联邦大学（巴西，2018年）和帕维亚大学（意大利，2019—2021年）的客座教授。

德里斯·泰斯（Dries Tys），比利时布鲁塞尔自由大学考古学教授，中世纪欧洲考古学家协会主席。主要研究低地国家的早期中世纪社会，包括中世纪城镇和贸易的起源。在一个跨学科的框架内，开展有关城市起源及中世纪早期仪式的项目。